JN052002

いきもののカタチ

のカタチ

続
波紋と螺旋と
フィボナッチ

多彩なデザインを創り出す
シンプルな法則

近藤 滋
Shigeru Kondo

Gakken

はじめに

「"自然界の驚異"を紹介する動画やテレビ番組が好き」という人は多い。深海を泳ぐ巨大生物、サバンナで躍動する動物、極限環境で生き抜くための生態などなど。筆者もこれまでに多くの意外、面白、驚愕のシーンを見てきましたが、「まだそんなのがあったか～！」と、大自然の奥深さにいつも感心させられます。ただ、その一方で、現地に行って実際に体験すれば、もっと大きな感動を味わえるだろうなぁ、という気持ちが湧いてくるのは否めません。そのほうが良いに決まっていますが、さすがに南極とか簡単に行けないし……。残念ながら動画であきらめざるを得ず、ちょっと悶々としてしまいます。

しかしです。自然の驚異を実感とともに味わう、別の方法があるのをご存知でしょうか。対象は、動物園やペットショップ、さらにはスーパーの鮮魚売り場でも出会えるような「普通」の生物。身近な生物の、ごく当たり前と思っているような特徴の中にも、考えてみれば「不思議」なことがたくさんあり、しかもその謎は、論理的に考えれば「スッキリ」解けることがあります。そして、わかったときの感動は、「見る」だけの時よりも、ずっと大きいはず。なぜなら、「わかる」は体験だから。ひとたび、生物現象の背後にある法則や仕組みが「わかる」と、「不思議」が「当たり前」になり、大げさに言えば、以前とは世界が違って見えるようになるのです。

そんな体験を、ぜひ多くの方にしていただきたいという思いで、この本を書いています。実は、前著『波紋と螺旋とフィボナッチ』も、同様の考えで書かれており、幸い、多くの方からご好評をいただくことができました。今回のラインアップは以下の通り。

1章：特撮ヒーローもうらやむリアル変身技法

昆虫は、幼虫から成体への変態時に、短い時間で特撮ヒーローも真っ青の大変身を遂げる。どんな仕組みがそれを可能にするのだろうか。カブトムシ角前駆体の解析でわかった、意外な折り畳み風船の原理。

2章：ツノゼミの究極奥義が創り出すアートな造形

カブトムシの角をはるかに超える奇妙奇天烈なツノゼミの角も、羽化の時に一瞬にして出現します。どうやって？ 究極昆虫の謎の答えを探しに、コスタリカのジャングルへ。カブトムシを超える奥義の秘密とは。

3章：硬い鎧の制約が生む貝殻のバラエティ

硬い鎧は、防御力は高いが必然的に重くなる。兵士にとっての悩みであるが、それは貝にとっても同じ。便利に使うためには、いろいろと注文が出てくるのは仕方ない。貝殻の多様な形態が、貝殻が「硬くて重い」という弱点をカバーするために生まれた、という話。

4章：意識と無意識の境界

貝殻を作るのは、外套膜という薄い膜。その外套膜には、筋肉と神経が密に配置され、貝本体の意志で動かせます。だとすれば、貝殻の形は貝が自分の意思（脳神経の働き）で決めている？ この常識破りの仮説の真偽を検証します。

5章：部品を組み立てて作る深海のスカイツリー

カイロウドウケツ（深海に棲むカイメン）の体は、規格品の骨片パーツを整然と組み上げた、まるで人工物のような構造をしている。でもその工事、いったい誰がやっている？ 目も脳もない細胞たちが、分業と流れ作業で行う、驚異的な「体の建築法」。

6章：魚のヒレも組み立て作業で作られる？

カイメン細胞がやっている、規格部品の組み立てによる形態形成。すごいんだけど、気になることが……。カイメンの細胞にできるなら、もっと高等な生物でもできるんじゃないだろうか。探してみたら、やっぱりありました。魚のヒレの巧みな作り方に注目！

7章：海底のミステリーサークルの謎を追え！

奄美大島の海底に、直径約 2m のミステリーサークルを発見！ いったい誰が、どうやって作ったのか？ 捜査線上に浮かび上がったのは、意外にも体長 10cm 足らずのフグだった。 犯行シーンを記録したビデオを解析して、犯人の動機と手口（建築法）に迫ります。

8章：梃子の原理で理解する? 人体の物理学

　耳の中に存在する奇妙な形の3つの骨、耳小骨。その形の理由は、「梃子の原理で音を増幅するため」と説明されている。でもその説明、なんだかおかしい。そもそも、どこに支点があるのかわからない。信じやすい人が「梃子の第2原理」にだまされないための、科学的思考法のすすめ。

9章：細胞たちがオセロで遊び、皮膚の模様が現れる

　黄色と黒の2種類の色素細胞が、皮膚の中でせめぎ合う。周囲にいる細胞の組み合わせが勝ち負けを決め、その結果、浮かび上がるのが波のパターン。でも、その勝ち負けのルール、なんだかボードゲームのオセロに似ているような気が……。

10章：模様を変える、動かす、理解する

　皮膚の模様が細胞のオセロの結果なら、ルールを変えればパターンが変わるはず。どうやってルールを変える? 現代生物学を甘く見てはいけません。ついに模様をデザインできるところまできた、模様研究の今を紹介します。

　以上、10の話を用意しました。できるだけ読みやすく解説しているので、楽しんでいただければ幸いです。生命現象の背後にある法則がわかり、不思議が不思議でなくなったときの快感をぜひ味わってみてください。ちょっとだけ濃い内容のところもありますので、疲れたときには、コラムの軽い記事で和んでいただければと思います。

2021年7月　近藤 滋

はじめに 2

1 特撮ヒーローもうらやむ
リアル変身技法 8

2 ツノゼミの究極奥義が
創り出すアートな造形 32

COLUMN 1 陛下に
一本取られた話 48

3 硬い鎧の制約が生む
貝殻のバラエティ 56

4 意識と無意識の境界 82

COLUMN 2 ジャパネットたかた社長に学ぶ
学会発表の極意 100

5 部品を組み立てて作る
深海のスカイツリー 114

CONTENTS
目次

6 | 魚のヒレも
組み立て作業で作られる？ 140

COLUMN3 | 研究費をばらまけと
言ってはいけない理由 156

7 | 海底のミステリーサークルの
謎を追え！ 164

8 | 梃子の原理で理解する？
人体の物理学 182

COLUMN4 | 猿の惑星
リアル化計画 202

9 | 細胞たちがオセロで遊び、
皮膚の模様が現れる 218

10 | 模様を変える、
動かす、理解する 240

おわりに
〜宝の地図の見つけ方〜 254

CHAPTER

1

カブトムシ

鞘翅目コガネムシ科の
完全変態昆虫。
幼虫から蛹になる
タイミングで
ツノの形ができあがる。

特撮ヒーローも
うらやむ
リアル変身技法

変身ヒーローの深い悩み

　男の子の熱烈な支持を得ている仮面ライダーや戦隊シリーズなどでは、必ずヒーローが変身する。また、女の子向けのアニメでも、主人公が変身するものは多い。どうも、それらの番組では「変身」が必須の要素になっているらしい。なぜだろう？

　私見だが、「変身」は子どもたちと「ヒーロー」をつなぐ懸け橋なのだと思っている。子どもとはいえ、自分の能力に限界があることはわかっており、だからこそ、強い存在に憧れる。当然、主人公は悪をなぎ倒すスーパーマンでなければならない。だが、主人公が強ければ強いほど、それは自分とは遠い存在となり、共感しにくくなってしまうのだ。

　そこで、「変身」というギミックが必要になる。普段は自分と同じような普通の人が、「変身」により強くなるさまを見ることで、自分が強くなったような錯覚が起きるのである。戦うヒーローの姿は、変身した自分自身なのだ。

　テレビの中の世界は、直接触れることができないので、ヒーローが強くなったことは、「見た目の変化」として表現

する必要がある。しかも、戦う相手の怪人が待ってくれているので、急がないといけない。だから、変身は一瞬で完了する必要がある。ほとんどの場合、何らかの決めポーズをきっかけにして、数秒の間に見た目が強そうに変化するのだ。

　テレビ慣れしていない人なら、「どうやって？」という疑問が、どうしても頭に浮かぶはずだ。「コスチュームが変わるので、どこかに着替えを持っているはずだ」とか、「さっきまでは、あんなヘルメットをかぶっていなかったのに」とか、「あのバカでかい武器はどこに隠し持っていたんだ？」とか。だが、その仕組みについては、番組では説明されないし、視聴している子どもたちも、それに触れてはいけないことは、ちゃんと理解している。そこをスルーしないと、番組を楽しむことはできないからだ。そのお約束についていけなくなった時が、変身ヒーローものを卒業する時である。

リアルに変身する生物たち

　だが、実はごく身近なところに、そんな人間界のお約束など必要とせずに、正々堂々と、マジに見事な「変身」を見せてくれる生物がいる。チョウや甲虫などの、完全変態昆虫である。

　チョウの羽化を実際に観察したり、動画を見たりしたことのある人は多いだろう。あの変身のインパクトは、ほとんどの変身ヒーローを超えている。何しろ、ずんぐりむっ

くりしたイモムシが、華麗なチョウに変身するのだから。もちろんチョウの場合、イモムシとチョウの間には、蛹（さなぎ）という変身準備期間がある。しかもその際に、蛹の中で何が起きているのかを見るのはちょっと難しい。だが、大規模な変身シーンを、つぶさに観察できる昆虫もいくつか存在する。

　例えば、夏休みの自由研究の定番、カブトムシである。プロ・アマチュアを問わず、昆虫の変態に興味を持つ人は多い。幸い日本には、昆虫の研究に都合の良い条件がそろっている。チョウと並んで、変態の極致（なんかおかしな言葉だなぁ）を味わえるカブトムシの幼虫が、飼育用に1匹500円程度で販売されているのだ。誰でも研究材料は入手可能なのである。そんな国は日本だけなので、この研究は日本でしか行えない。素晴らしい。これはやるしかないではないか。

■ カブトムシの角は、突然現れる

　というわけで、材料を入手したら、最初にやることは「観察」である。まずは、変態前と変態後の形態を比較して、どこがどうなるのかを想像してみる。

　図1は、カブトムシの幼虫、蛹、成虫である。ご覧のように、大きな形態変化が起きるのは、幼虫から蛹にかけてである。あまりにも形態が変わるので、もはや同じ種の生物とは思えないくらいだ。蛹から成虫にかけては、角（つの）はシャープになるが、大きさや先端の分岐など、特徴のほとんどが蛹の段階ですでに完成しているので、それほど大きな違いはない。だから、角形成の原理を解明したいのなら、

幼虫から蛹への変化を対象にするべきである。しかし、どうしたら、こんな大きな角がいきなりできるのだろうか。

次に、角形成の過程を観察するため、幼虫から蛹への変態を動画で撮影してみた(図2)。

幼虫の頭には、黒くて硬いヘルメットのような外殻があるが、それがX字に割れて(0分)、中から突起状のものが飛び出してくるのがわかる(3分)。それが2時間弱かかって、角の形状に伸びていく(100分)。最初は白くて軟らかいが、数

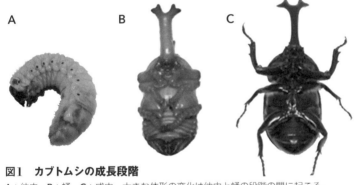

図1 カブトムシの成長段階
A：幼虫、B：蛹、C：成虫。大きな体形の変化は幼虫と蛹の段階の間に起こる。

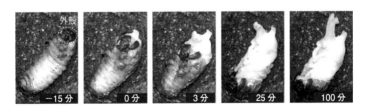

図2 カブトムシの幼虫から蛹への変態
Matsuda K, et al: Sci Rep (2017) 7: 13939 より改変。

時間経つと、色がついて硬くなる。ううむ。この、頭のヘルメットの中のものが何なのかを調べればよいということだな。

折り畳み風船方式の角形成?

そこで、黒い外殻の周囲をメスで切って取り外してみた。すると中には、なんだか丸っこいものが入っていて、表面には皺（しわ）のようなものが見える（図3A）。以下、これを角前駆体（つのぜんくたい）と呼ぼう。もっと詳しく見るために、角前駆体を取り出して拡大したのが図 3B である。

角前駆体は、全体的には半球状の構造をしていて、その表面にはたくさんのシワシワがある。色はついていないが、なんだかシマシマの模様のようにも見える。この内部

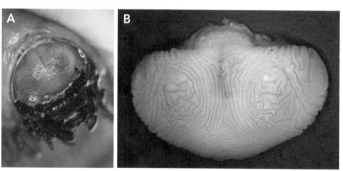

図3 カブトムシの角前駆体
A：カブトムシ幼虫の頭部にある黒い外殻を取り外したところ。中に角前駆体が見える。Matsuda K, et al: Sci Rep (2017) 7: 13939 より改変。**B**：角前駆体の拡大写真。

はどうなっているのだろう？ 中に水を流して洗ってみた。
すると、中からはどろどろの液体が出てくるが、特に形の
あるものは出てこない。終いには、図4のようになってし
まった。中には本当に何もない。残ったのは、シワシワの
風船のような袋状構造だ。

　昆虫は外骨格生物なので、外形を作っているのはクチク
ラと呼ばれている、糖鎖とタンパク質の重合体で、中身は
基本的に液体である。クチクラは、カーボンファイバー樹
脂のように、繊維を接着剤で固めたような構造で、最初は
軟らかいが固まると非常に硬くなる。これは、その軟らか
い状態のクチクラが作っている風船なのである。

　風船なら、膨らませて大きくしているのかもしれない。そ
う思って、脱皮のビデオを見直してみると、幼虫の腹部が、
後ろから前に激しく蠕動運動するのが見えた。どうやら体

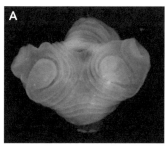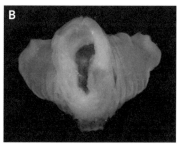

図4　角前駆体から内部の液体を洗い出したあとの袋状構造
A：上（角の先端側）から見たところ。**B**：下（角の根元側）から見たところ。写真は基
礎生物学研究所 新美輝幸氏のご厚意による。

液を頭部に送っているようだ。この「風船」は、体液の圧力で膨らんでいるのだろうか？　もしそうなら、幼虫のお腹を指で押したらどうなるだろう？　ちょっとかわいそうな気もするが、思い切ってやってみた。すると驚いたことに、本当に頭部のシワシワが膨らんで、あっという間に、角の形になってしまったのである（図5）。

　本当に、まるで風船である。いや、畳んである提灯を広げるのに近いかも。いずれにしろ、カブトムシの角は、幼虫の頭の中に「折り畳まれて」格納されており、体液の圧力で膨らみ、大きな角ができあがるというわけだ。お祭りの出店で売っている「ピロピロ笛（「吹き戻し」と言うらしい）」にそっくりで、ちょっと笑ってしまう（図6）。

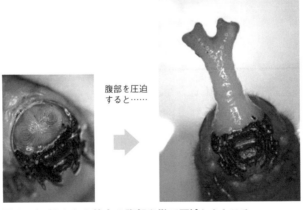

腹部を圧迫すると……

図5　カブトムシの幼虫の腹部を指で圧迫したところ
角の前駆体の皺が広がって、一気に角の形ができあがった！
Matsuda K, et al: Sci Rep (2017) 7: 13939 より改変。

　吹き戻しの作り方は簡単である。まず、紙で長い袋状の
ものを作り、それにステンレス製の針金をテープで張り付
ける。次に、それを机の角などでしごくと、針金が丸まっ
た状態になる。最後に、袋の口にストローなどを付ければ
一丁あがり。とても簡単だ。

折り畳んだ状態で作ることの難しさ

　だが、カブトムシの角作りが同じように簡単かというと、
残念ながら、まったくそうではない。吹き戻しを作るのが簡
単なのは、膨らんだ形を最初に作り、それを折り畳む（丸め
る）からである。できたものを折り畳むのは、簡単だ。しか
し、順番を逆にすると、同じことがものすごく難しくなる。
カブトムシの幼虫は、一度も角の最終形態を作ることなく、
「展開したら角の形になる複雑な折り畳み構造」を、いきな
り作るのである（図7）。どうやったら、そんなことができる

図6
「吹き戻し」の
イメージ

17

のか？　そもそも、どんな皺のパターンを配置すれば、あの
かっこいいカブトムシの角を作れるのだろう。

　この、カブトムシの角の形成原理は、生物学的にも、工
学的にも、非常に興味深い。節足動物（昆虫やエビ、カニなど）
の場合、成長の過程で「変態」を行い、極端に形を変える生
物は多い。変態には、カブトムシと同様に脱皮が伴うので、
基本的な原理は共通しているはずである。普遍性のある原
理の発見に至れば、重要性は極めて高い。

　もう１つ、このカブトムシの変形原理は、新しいモノ作
りの技術を生み出すきっかけになるかもしれない。例えば、
宇宙船の中のような狭い空間で、複雑な三次元形態を持つ
巨大な構造物を作ることが要求されるような場合でも（ま
だ少し先の宇宙旅行時代でしょうか？）、このカブトムシのやり方

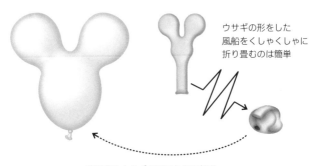

ウサギの形をした
風船をくしゃくしゃに
折り畳むのは簡単

膨らむとウサギの形になる風船を、
最初からくしゃくしゃの状態で作るのは難しい

図7　膨らますと正しい形になる構造を、折り畳んだ状態で作るイメージ
形を作ってから折り畳むのは簡単だが、膨らますと正しい形になる構造を折り畳ん
だまま作るのは、ひじょ～に難しい。

を熟知していれば、難なく解決できるかもしれない。

角の形成は2つのステップで起きる

さて、以下、本腰を入れてカブトムシの角の形態形成原理を調べていくのだが、よく考えてみれば、この現象は2つの段階に分けることが可能であり、それぞれについて、研究を行う必要がある。図8を見ていただきたい。

まず、①の「皺の展開」の過程である。図2の連続写真で見たように、この過程は非常に短時間で起きる。だから、前駆体の表面の拡大や収縮は起きておらず、単に折り目が開くだけだ。知らねばならないのは、皺のパターンと、それが展開したときにできる三次元形態との間の、純粋に物理的な関係性である。折り紙で立体図形を作る仕組みに近い。

一方、②の「皺の形成」の過程は、幼虫の頭部にある半

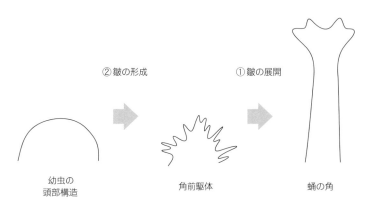

② 皺の形成　　　　　① 皺の展開

幼虫の
頭部構造　　　　　角前駆体　　　　　蛹の角

図8　角の形態形成における2つのステップ

球状の上皮細胞層が、分裂しながら数を増やし、折り畳みを作っていく過程である。つまり、生物学的な過程であり、通常の生物学実験によってアプローチできる。

　幸い、この2つのステップは起きるタイミングが異なるので、分けて解析することが可能である。逆に、こんな複雑なことが同時に起きたら、まったく解析不可能になってしまう。カブトムシの角は、その点でもうれしい研究材料なのである。では、①「皺の展開」のステップから調べていこう。

まず最初に、皺の正確な3D構造を取得する

　皺パターンと3D形態の関係を調べるためには、まず、できるだけ正確に、しかも生きている状態で、角前駆体の3D形態データを取得しなければならない。あれこれ試した結果、幼虫を瞬間的に冷凍し、頭部の連続切片から、皺の3D構造をコンピュータの中に再構築するという方法をとった（図9）。

　さらに、その表面の構造を、映画のCGで使うような曲面の三次元データに変換すると、コンピュータの中で、角前駆体の折り畳み構造をいろいろな方向から見ることができるようになる。しかも、各部分に力を加えた場合に、どのような変形が起きるかをシミュレーションすることも可能だ。

　試しに、実際の変態の時のように内側から圧力をかけた場合に、角への変形が再現できるかどうかを調べてみたところ、折り畳み構造が膨らんで、ちゃんと角の形になった

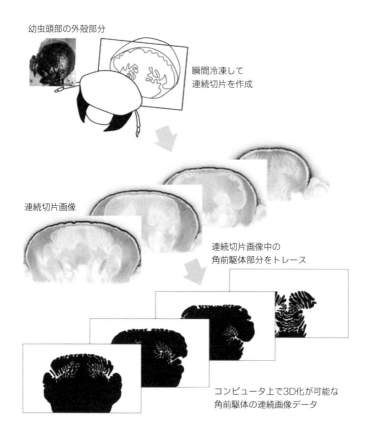

幼虫頭部の外殻部分

瞬間冷凍して
連続切片を作成

連続切片画像

連続切片画像中の
角前駆体部分をトレース

コンピュータ上で3D化が可能な
角前駆体の連続画像データ

図9　皺の3D構造をコンピュータ上に再現する

幼虫の頭部を瞬間冷凍して連続切片を作成し、それらの画像から
コンピュータ上で 3D 化が可能な角前駆体の連続画像データを作
成した。Matsuda K, et al: Sci Rep (2017) 7: 13939より改変。

（図10）。お腹を押して膨らませる実験を先にやっていたので、そうなることはわかってはいたが、この結果を見るのはなかなか感動的だった。角の3D形態の情報は、確かに皺のパターンの中に存在しているのである。

皺パターンと角の3D形態との関係

準備ができたところで、次はいよいよ、皺の構造と膨らんだときの3D形態との関係である。

まず、皺構造についてだいたいのイメージを持てるように、角前駆体の膜表面だけを残して、それ以外の部分を消去した画像を作った。内側の皺の形がよくわかるように、角前駆体を半分に切ったものを内側から見た画像が図11である。ちょっとめまいがするくらい複雑であるが、よく見ると、皺はほぼ左右対称なパターンになっていることから、無秩序な皺ではなく、綿密に計算され、デザインされてい

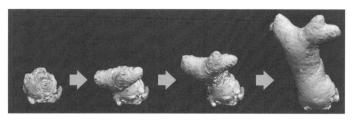

図10　角が膨らむ過程のシミュレーション
シミュレーションの結果、角前駆体の折り畳み構造が膨らんで角の形になる様子が再現できた（この動画は https://youtu.be/TNoZB7JHgUk で見ることができます）。

QR コードはこちら→

ることがわかる。

　さらに重要なことに、ほとんどの場所で、皺の深さ、間隔がほぼ一定である。これは、非常にうれしい発見であった。なぜかというと、皺の深さや間隔が領域ごとに異なる場合、「皺」を数値的に表現するのが非常に難しくなるからだ。深さと間隔が同じであれば、皺パターンを決めているのは、各部位での皺の方向性だけということになる。この事実は、コンピュータによる解析だけでなく、我々の頭による理解をも、非常に楽にするのである。

　まず、角前駆体全体の形態を考えるのは難しすぎるので、部分的なパターンについて考えてみる。例えば、前駆体の上部には、2つの同心円状の皺が見える（図12A）。この皺が、ど

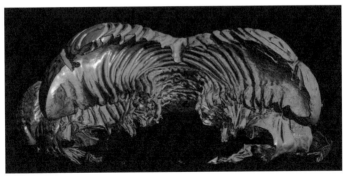

図11　コンピュータ上に構築した角前駆体の3D構造
コンピュータ上で角前駆体を半分に切断し、内側から見た図。複雑な皺構造はほぼ左右対称のパターンになっているのがわかる。また、皺はほぼ同じ深さに統一されており、間隔もほぼ一定である。つまり、領域ごとの皺の方向の情報さえあれば、この皺パターンは作れるのである。

んな形態変化につながるかを、頭の中だけで想像するのは難しいが、そこは、物理シミュレーションが助けてくれる。

　計算をしてみると、図13のように、同心円の皺は円錐状の突起を作ることがわかる。さらに、この変化の過程を一度見てしまえば、「同心円の皺→突起構造」となるのは「当たり前」と思えるはずだ。実際に、同心円の中心部位をトレースすると、ちゃんと角の内側の突起（図12B）の先端に対応することが、実験から確認できる。

　同じような解析を、角前駆体に存在する他の部分的な皺パターンについても行うことができ、その結果をまとめた

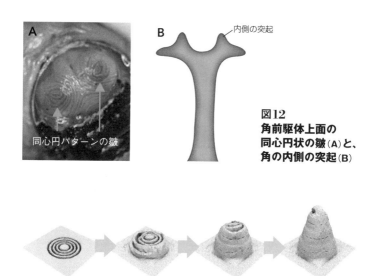

内側の突起

同心円パターンの皺

図12
角前駆体上面の
同心円状の皺（A）と、
角の内側の突起（B）

図13　同心円状の皺パターンの展開シミュレーション
同心円状の皺をシミュレーションで展開すると、円錐状の突起ができる。

ものが図 14 である。

　図 14A の平行な皺が、1 方向にのみ拡大するのはすぐにわかるだろう。図 14B のギザギザ皺は、1 方向だけでなく全方位の拡大。図 14C のような部分的に皺の数が異なる同心円パターンは曲がった突起構造を作り、図 14D のような X 字状の皺は馬の鞍のような形状になる。前駆体の皺パターンを見ると、これらで、ほとんどの領域がカバーされていることがわかる。つまり、これらのローカルな基本パターンが、パッチワークのように配置されているのである。

　より大きなレベルの変形は、パッチワークで配置された部

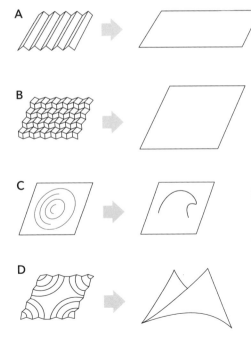

図14
皺のローカルパターンと、その部分を伸展させた際の構造変化

A：平行皺は 1 方向の拡大、B：ギザギザ皺は全方位の拡大、C：部分的に皺の数が異なる同心円は曲がった円錐状の突起、D：X 字状の皺は馬の鞍型ができる。

分パターン同士の組み合わせで生まれる。これを頭で想像するのはさらに難しいのだが、わかりやすい例を見ていただこう。図15は角前駆体の先端部分の模式図で、背側には同心円パターンが、腹側には平行な皺が存在する。背側の同心円パターンの皺は、伸びると突起を作るが、底面の拡大は起こらない。一方、腹側の平行皺は、伸びると長軸方向に伸長する。これにより、上面と下面で伸長率の違いが生じ、結果として、この領域全体を上方向に持ち上げるのである。

このようなマクロな変形を、シミュレーションを使ってすべての領域について調べるのであるが、それはかなりややこしいので、ここでは詳細については述べない。結論だけ言えば、パッチワークは見事に設計されており、美しい角の3D形態を実現するように配置されていることが確認された[2]。

皺の性質を決める遺伝子たち

さて、皺パターンと三次元形態との関係がわかったら、次は、その正確な皺パターンをどうやって作っているかを知り

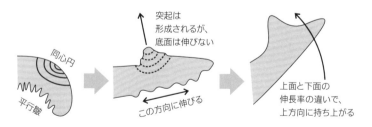

図15　上下の伸展度合いの差による立ち上がりのイメージ
背側（上面）に比べて腹側（下面）が大きく伸展することで、全体が上方向に立ち上がる。

たい。なぜなら、それができれば、将来的には、自由自在にカブトムシの角をデザインできるようになるはずだからだ。

カブトムシは、マウスやショウジョウバエのような、生物学実験で使われる主要な生物種（モデル生物）ではないため、遺伝子の改変はできない。しかし、この10年ほどで実用化されたRNAi[*1]という技術を使うと、特定の遺伝子の働きだけを抑制することができる。この方法により、それぞれの遺伝子が、どのように機能して、角前駆体の折り畳みを作っているのかを調べることができる。例えば、*notch*という遺伝子の機能を抑えると、皺が浅くなり、皺どうしの間隔も狭く変化する（図16）。

面白いことに、このとき皺の方向はほとんど変わらない。一

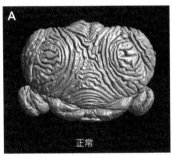

正常　　　　　　　　　　　　　*notch*遺伝子を抑制

図16　*notch*遺伝子の機能を抑えたときの皺パターンの変化
A：正常な角前駆体。**B**：RNAiによって*notch*遺伝子を抑制した角前駆体。**B**では皺が浅く、細かくなるが、パターン（方向）は変化しない。Adachi H, et al: Sci Rep (2020) 10: 18687 より改変。

　＊1　カブトムシでこの技術を完成したのは、基礎生物学研究所の新美輝幸氏である。

方、*cycE* という遺伝子を抑えると、今度は、皺の深さや間隔は変化しないが、皺の方向が変わってしまう（図17）。つまり、皺の間隔・深さを決める遺伝子と、皺の方向を決める遺伝子は、別々に存在するのである。

　また、特定の部位の大きさだけをコントロールする遺伝子もある。細胞の向き（極性）に関係する *Ds* という遺伝子を抑制すると、先端部分の皺に変化は現れないが、角の柄にあたる部分（茎部）の皺の数が顕著に減る（図18の赤い円の部位）。

　この部分の皺が減ると、茎部が短くなるが、先端部など他の部分の形は変わらない。一方、先端部の形を変える遺伝子は別にある。図19では、働きを抑制することで、先端部の分岐の角度が狭くなったり、切れ込みがなくなったりする遺伝子の例を示している。

皺パターンを操作できる可能性

　実は、これらの遺伝子の分子的な機能に関しては、ショウジョウバエなどのモデル生物で詳しく研究されており、それらが、同心円やストライプ状のパターンを作る仕組みも、

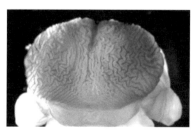

図17
***cycE*遺伝子の機能を
抑えたときの皺パターン**

皺の深さや間隔は正常な角前駆体と変わらないが、皺の方向がギザギザになる。Adachi H, et al: Sci Rep (2020) 10: 18687 より改変。

だいたい解明されている。カブトムシは、それらを皺パターンの形成に流用しているだけらしい。だから、遺伝子実験のやりにくいカブトムシを使って、これらの遺伝子の詳し

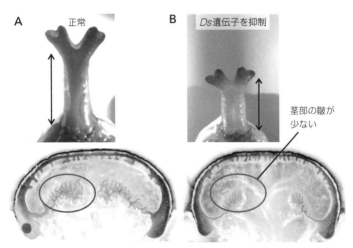

図18 *Ds*遺伝子の機能を抑えたときの茎部の皺パターンの変化
A：正常な角前駆体の断面（下）と、伸展後の蛹の角（上）。**B**：RNAiによって*Ds*遺伝子を抑制した角前駆体の断面（下）と、伸展後の蛹の角（上）。**B**では角前駆体の茎部の皺が減っており、伸展後の角の長さも短くなる。Adachi H, et al: Sci Rep (2020) 10: 18687 より改変。

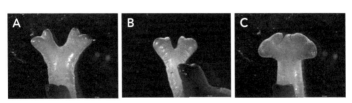

図19 遺伝子の機能を抑えた際に先端部の形状が変わる例
A：正常な蛹の角。**B**：*rx*という遺伝子を抑制した蛹の角。先端部の分岐の角度が小さくなっている。**C**：*optix*という遺伝子を抑制した蛹の角。先端の切れ込みがなくなっている。

い働きを調べる意味はあまりないと考えている。それより
も、これらの遺伝子を使って、角形態のデザインを自在に
変えることができたら、そちらのほうが楽しいし、重要だ
ろう。

　カブトムシの角形態に関与する遺伝子は、すでに約20個
特定できているので、これらをいろいろな組み合わせでカ
ブトムシのゲノムに挿入し、特定の部位で働かせれば、角
の形態を自由にデザインすることが可能なはずである。こ
れは、ちょっとやってみたい。それをするには、カブトム
シの遺伝子操作技術を確立しなければならず、それにはか
なりの時間がかかるが、技術的にはできるはずだ。興味を
持つ研究者が増えれば、それだけ早く実現するはず。高校
生、大学生の皆さん、どうでしょう。やってみませんか？

ラスボス登場？

　以上のように、カブトムシの変態原理の謎は、なんとか
「攻略」できた。角の前駆体は、最初はシンプルな風船の表
面のような形状であるが、その上に方向性のある皺が作ら
れ、それが膨らまされて伸展すると、角ができる。角の3D
形状は、皺の方向を調節することでデザイン可能なのであ
る。というわけで、ひとまず一件落着である。

　これが戦隊ヒーローものであれば、主人公たちがにこや
かに勢ぞろいしたシーンをバックに、エンディングテーマ
が流れるはずだ。

　だが、最近のゲームやアニメのストーリーは、そう簡単

には終わらない。目の前の敵を倒して、ほっとしたのもつかの間、さらに強力な「ラスボス」が登場して、主人公を窮地に追い込むのが、お決まりのパターンである。だから当然、このカブトムシの話にも続きがあり、次章では、とんでもないラスボスが登場するのである。

参考文献　1）Matsuda K, et al: Sci Rep (2017) 7: 13939
　　　　　　2）Matsuda K, et al: Sci Rep (2021) 11: 1017
　　　　　　3）Adachi H, et al: Sci Rep (2020) 10: 1868

CHAPTER
2

ツノゼミ

半翅目ツノゼミ科の
昆虫の総称。
成虫への変態時に突如、
この奇妙な形の
ツノが出現する。

写真：西田賢司氏

ツノゼミの
究極奥義が創り出す
アートな造形

ツノゼミ登場

　前章で紹介したカブトムシの角は、確かに形はかっこいい
し、折り畳まれていた角前駆体が膨らんで最終形態になるというのも、意外性があり面白い。しかし、形の複雑さという
点で言えば、ものすごく複雑というわけではない。大ざっぱ
に見れば、長い棒状構造の先端が分岐しているだけである。
これくらいなら、前章で説明した「基本皺パターンのパッチ
ワーク」で理解できる範囲内だろう。だが、この「基本皺パ
ターンのパッチワーク」という武器で倒せないような、とて
も複雑な形が現れたら、必然的に新たな戦い方を模索しなく
てはならない。

　で、その複雑な形のラスボスともいうべき存在がこいつら、
ツノゼミである（図1）。どうでしょうか、この変態っぷり？

　ツノゼミは、半翅目に分類される昆虫の仲間。半翅目は
カメムシを代表とするグループで、セミ、ウンカ、アブラ
ムシなどを含んでいる。基本的な体の構造は、セミを思い
出していただければよい。図1A～Fの6種も、角が大き
すぎて、体全体の形が全然違うように見えるが、よく見る

と角以外の部分は、完全にセミ体形である。逆に、セミ本体以外の部分は、全部「角」であり、非常に小さい接続部で、胸部体節にくっついている。しかも、その角が半端なくでかい。本体よりも大きいものもある。そのうえ、形の多様性と複雑さが、カブトムシの角どころではない。

　問題は、これがどうやって作られるかであるが、論文な

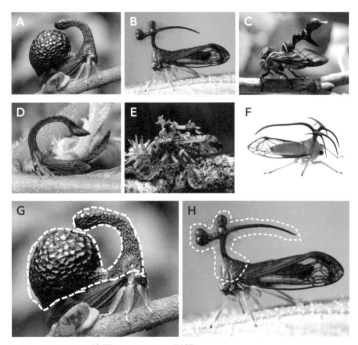

図1　ツノゼミの仲間のさまざまな形態
A：クラドノータ・インフラトゥス、**B**：マエヨツコブツノゼミ、**C**：ヘテロノトゥス・トゥリノドスス、**D**：ミカヅキツノゼミの仲間、**E**：スメルダレア・ホレセンス、**F**：ウンベリゲルス属の一種。**G**、**H**：**A**のクラドノータ・インフラトゥスと**B**のマエヨツコブツノゼミの写真を拡大し、角部分を白の点線で示した。写真はすべて西田賢司氏のご厚意による。

どで調べると、幼虫（半翅目は、蛹にはならないが、最終齢の幼虫から成虫になる時に変態する）には角はなく、成虫への変態時に、いきなり角が出現するらしい。マジか？

　ううむ。このラスボスは手ごわそうだ。いきなり角が出現するなら、やはり皺の伸展が関係している可能性が高い。しかし、カブトムシの角とは、形の複雑さのレベルがまるで違う。特に、図1Hのマエヨツコブツノゼミの角。どう見ても、単純な基本皺パターンのパッチワークだけでできるような形ではない（図2）。

　では、何か別の原理があるのか？ わからない。だが、こちらもラスボスが出てきたからといって逃げるわけにはいかないのだ。かなわないまでも、戦わないことにはストーリーが進まない。

　とにかく、カブトムシの時と同様に、まずは変態前後の様子を観察するところから始めなければならない。しかし、こいつらをどうやって手に入れる？ ツノゼミの仲間は日本にもいるが、図1のような奇妙な形のツノゼミが生息しているのは、主にコスタリカなどの中南米のジャングルである。

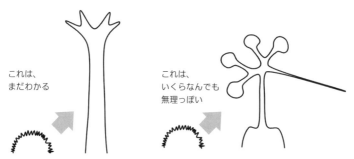

これは、
まだわかる

これは、
いくらなんでも
無理っぽい

図2　カブトムシ（左）とツノゼミ（右）の角の複雑さの違い

　コ、コスタリカ？？行くのか？マジで？

　というわけで、気がつけば「冒険の旅・コスタリカ編」が始まってしまったのである。

■冒険の旅、コスタリカへ

　いきなり現地に行っても、目指すツノゼミを見つけられるわけはないので、まずは、現地の専門家で、協力してくれる人を探す必要がある。ちょうどそのころ、NHK の『ダーウィンが来た！』という番組で、西田賢司さんという研究者がコスタリカの生物相を紹介していた。じゃあ、もう思い切って西田さんに助けてもらおう、ということで連絡してみたら、あっさり快諾。サンプルの採集に協力していただけるとのこと。話はとんとん拍子に進み、半年後には、コスタリカのジャングルで虫捕りをするという急展開になった。

　筆者は、生粋のラボ内実験科学者なので、フィールドワークは初めてである。それがいきなりコスタリカのジャングルとは、いささかハードルが高すぎるが、キャンプ用品店で必要なものを揃え、出発の日に備えたのであった。

　飛行機で28時間かかって、首都サンホセの空港に着き、その後、車で4時間かかって着いたのが、低地の国立公園内にある自然観察施設。4人でコテージを1つ借りたのだが、当然のように窓や扉は隙間だらけで、床にはアリが這い回っている。湿度が高く、めちゃくちゃ蒸し暑いのにクーラーはない。最初は、気が遠くなりそうだった。だが、悪いことばかりでもない。常に飲めるようになっているコーヒーが、最高に良い香りなの

と、ごっそり置いてあるトロピカルフルーツが激ウマなのである。おかげで、2、3日すると、体が慣れてくる。

　慣れると、いろいろな珍しい生き物に出会うのが楽しくなる。ちょうど、ロールプレイングゲームでフィールドを歩いていると、さまざまなモンスターに出会うような感じだ。なにしろ、コスタリカ大学のキャンパス内の木に、ナマケモノが棲んでいるくらいなのである。自然公園だと、もう何でもいる。例えば、コテージの近くの木に、普通にでっかいドラゴン（イグアナ）が昼寝をしている（図3A）。あるいは、自然観察路の傍らに、かまれたら即死と言われる毒ヘビがとぐろを巻いている（図3B）。でも大丈夫、こいつは、踏まない限りかまないの

図3　コスタリカのジャングル
A：コテージ近くの木で寝ていたイグアナ、B：自然観察路の傍らにいた毒ヘビ、C：玉虫色のゾウムシの仲間、D：川辺の注意書きの看板（ワニがいるので自己責任で泳いでね）。

で、やぶに入らなければ危険はないとのこと。さらに、こんなゴールド（金ピカの甲虫）を集めることもできる（図3C）。もっと大きなお宝をゲットしようと川辺に近づけば、こんな警告があったりする（図3D）。

ツノゼミの変身シーン

とまあ、こんな具合で、驚きいっぱいの道中の果てにたどり着いたのは、図4Aのような、ヨツコブツノゼミ生息地の入り口。ヨツコブツノゼミの幼虫が、どの種類の木のどの部分にいるのかは、現地でも西田さんしか知らないので、まさに西田さんなくしてはできない研究である。

　3時間くらい、自然観察路沿いにあるノボタンの木（ノボタンだけでおそらく20数種類あるが、ヨツコブツノゼミがいるのはそのうちの1種だけ）の葉っぱの裏側を探し続け（図4B、C）、約30

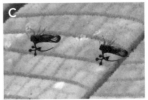

図4　ツノゼミの採集
A：ツノゼミを採集したジャングルの入り口。
B：ツノゼミを採集している様子。
C：葉の裏側についているヨツコブツノゼミ。

匹の最終齢幼虫をゲット。それを宿舎のコテージに、餌になる植物とともに持ち込み、ひたすら変身するのを待つ。結局観察を始めてから36時間後に1匹の変態シーンを記録することができた(図5)。

変態前は、角らしきものはない。カブトムシの幼虫と同じである。殻がパカッと割れると、中から棒を組み合わせたような形状の突起が出てきて、それがぐんぐん伸びて、ヘリコプターのような角が現れる。これにかかる時間は、なんと驚きの20分！速い！折り畳まれた状態かどうかはわからないが、幼虫の頭の中で、すでに完成していることは間違いない。

で、その中身は？？残念ながら、これはまだ解析中なので、大まかな見通しだけをお話ししよう。

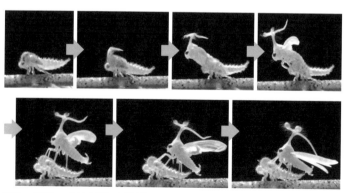

図5　ヨツコブツノゼミの変態

ツノゼミの角前駆体は、2段階の変形でできる

　まず、角前駆体に皺があることと、その皺が伸展して拡大と成形が行われることは、ツノゼミでも間違いない。しかし、ヨツコブツノゼミでは、あまりにも形が複雑すぎてわかりにくいので、もっとシンプルな形の角を作るヨコトゲツノゼミの例をお見せする（図6）。

　ヨコトゲツノゼミは、図6A、Bのような形の角を作る。この角は、図6Dの点線の丸で示した、幼虫の殻の中で作られる。

　次に、幼虫の殻の中での、角前駆体の成長過程を観察する。これがちょっと複雑だ。図7を見ていただきたい。最初、角

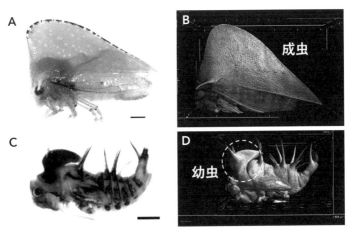

図6　ヨコトゲツノゼミの幼虫と成虫
A、B：ヨコトゲツノゼミの成虫（BはCTデータから構築した3D画像）。**C、D**：ヨコトゲツノゼミの幼虫（DはCTデータから構築した3D画像）。スケールバーはすべて1mm。Adachi H, et al: Zoological Lett (2020) 6: 3 より改変。

を作る上皮細胞は、幼虫の殻の内側に沿って存在する（図7A
の白線で示した部分）。皺はなく、袋状の形態をしている。その
後、上皮細胞層は、殻から離脱して、袋がしぼむように小さ

上皮細胞は最初、殻の内側に沿って存在する。

一度収縮して小さくなる。この状態が図8のミニチュア段階。

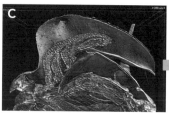

ミニチュア構造に皺ができ始める。

ミニチュア構造を保ちつつ、細かい皺が入り、前駆体が拡大する。図9の状態。

図7　ヨコトゲツノゼミ角前駆体の成長過程（断面図）
画像はすべてCTデータから構築した、断面の3D画像。Adachi H, et al: Zoological Lett (2020) 6: 3より改変。

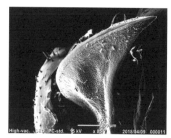

**図8　ヨコトゲツノゼミの
ミニチュア段階の角前駆体**
図7Bの状態の幼虫から、外側の殻を取り外して、中にあるミニチュア段階の角前駆体を露出させた電子顕微鏡画像。すでに、成虫の角と似た形になっている。Adachi H, et al: Zoological Lett (2020) 6: 3 より改変。

く薄っぺらくなる（図7Bの白線部分）。この状態でもまだ皺はない。だが、この時点で、すでに成虫の角の形っぽくなっているのである。な、なんで？ なぜだかまったくわからないが、とりあえずこの状態を「ミニチュア」と呼ぶことにする（図8）。

　その後、角前駆体は、非常に細かい皺を作りながら拡大していき（図7C）、幼虫の殻のスペースを埋める（図7D）。この時、方向性を持った細かい皺はできるが（図9）、前駆体全体の形はミニチュアのままなのである。

　まあ、単純な形態のヨコトゲツノゼミなら、こんなこともあるかもしれないが、ラスボスのヨツコブツノゼミはどうか。図10が、ヨツコブツノゼミのミニチュア段階の角前駆体である。

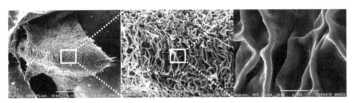

図9　ヨコトゲツノゼミ角前駆体の表面の皺
図7Dの状態で外側の殻を取り外した電子顕微鏡画像。Adachi H, et al: Zoological Lett (2020) 6: 3 より改変。

図10　ヨツコブツノゼミのミニチュア段階の角前駆体
（CTデータから構築した3D画像）

ヨツコブツノゼミは非常に小さく、電子顕微鏡画像が撮りづらいので、マイクロCTで撮影後、殻を3Dソフトで消去した。

恐ろしいことに、こちらも皺のないミニチュアの段階で、すでにある程度ヨツコブ形態ができてしまっているのである。これをどう考えるか……。

　このミニチュアの形成に、皺は関係していない。全体的には、表皮の層が収縮しているだけで、最終形にかなり近い形ができてしまうのである。

　不思議であるが、よく考えると、角前駆体の収縮は、皺の展開と似た効果を持つ可能性があることに気が付いた。どういうことかというと、収縮率や収縮方向が前駆体の位置によって違っていれば、細胞の面にひずみが生じるはずである。これは、皺の伸展により、ローカルなひずみが起きて3D形態を作るのと、基本的に同じだ。おそらく、ラスボ

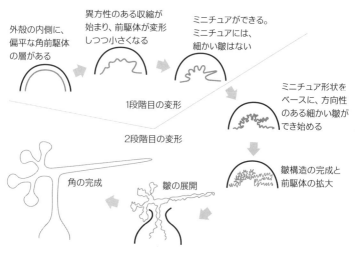

外殻の内側に、偏平な角前駆体の層がある

異方性のある収縮が始まり、前駆体が変形しつつ小さくなる

ミニチュアができる。ミニチュアには、細かい皺はない

1段階目の変形

2段階目の変形

ミニチュア形状をベースに、方向性のある細かい皺ができ始める

皺構造の完成と前駆体の拡大

角の完成

皺の展開

図11　角前駆体の成長過程における2段階の変形

スのヨツコブツノゼミの変形は、2段階なのである（図11）。1段階目は、場所ごとに方向や収縮率の違う収縮によって、大ざっぱなミニチュアの形を作る。2段階目は、ミニチュアに方向性のある皺を入れることで、膨らませると完全なヨツコブ角になる角前駆体ができる。この2段階の変形ステップで、1回では不可能な複雑な変形も可能になるのである。

冒険の旅は続く

わかっているのは以上である。残念ながら、スカッと解決というところまで行っておらず、それを期待しておられた方には、お詫びしなければならない。ごめんなさい。ただ、ラスボス攻略の方法は、だいたいわかったのではないかと思っている。その後、2回のコスタリカ遠征を経て、ヨツコブツノゼミや、初回には採集できなかった、ミカヅキツノゼミの幼虫も、かなりの数を入手することができた。なにせ、カブトムシと比べるとサイズが小さすぎるのと、皺が細かくて複雑すぎるために解析に手間取っているが、ツノゼミの変態過程の全貌を解明できる日もそう遠くはないのではないかと思っている。

もし、ヨツコブツノゼミをはるかに上回るヘンテコな角が、一瞬でできる生物をご存知の方がいらっしゃいましたら、ぜひご一報ください。当然、解決に行かねばなりません。そのときはぜひ、紹介していただいた方もご一緒できればと思っております。

他の節足動物の「かたち」との関係は？

　最後に、なぜカブトムシやツノゼミの角は、こんな方法で作らねばならないのか、ということにも言及しておこう。実は、このシワシワ技術は、一見、とても奇妙に見えるが、昆虫を含む外骨格生物全体にとっての、共通かつ必須の仕組みなのである。

　外骨格生物の体の外側は、クチクラという硬い物質でできた鎧で包まれている。カブトムシやツノゼミの角の成分もクチクラである。この「外側に鎧がある」という構造は、外敵から体を守るためには便利なのだが、本体が成長するときには、とても困るのだ。想像してみてほしい。鎧は硬いので、体が大きくなっても伸びたりはしない。体を大き

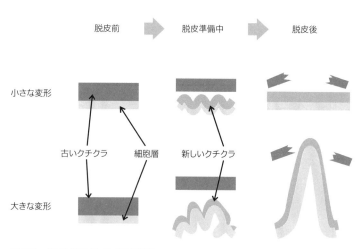

脱皮前　　　脱皮準備中　　　脱皮後

小さな変形

古いクチクラ　　細胞層　　新しいクチクラ

大きな変形

図12　外骨格生物の成長戦略

くするには、新しい、少し大きな鎧に着替える必要がある。これが脱皮だ。だから、外骨格生物は必ず脱皮しなければならないのである。

脱皮の際には、一時的に鎧を脱がねばならない。無防備になるので非常に危険である。だから、裸の状態からゆっくり新しい鎧を作っている暇はない。無防備な時間を最小限にするためには、脱皮の前にあらかじめ、新しい鎧を用意しておく必要がある。新しい鎧は当然、前のものよりもひと回り大きい。それを、ひと回り小さい「現在の」鎧の中で作るのだから、その時点での新しい鎧に皺や折り畳みが存在するのは、当然のことなのだ。あとは、皺の方向性を任意にコントロールできれば、新しい「形」を出現させることができる(図12)。要するに、カブトムシやツノゼミは、外骨格生物の宿命をうまく利用して、複雑な形を作っているのである。

奇想天外な意匠を持つツノゼミの角を、わずか2段階の変形で作れることを考えれば、このやり方を応用すれば、どんな複雑な形でも作れそうな気がする。コンパクトに折り畳まれた袋が、一瞬で何かの形になれば、インパクトがあるし、工業的な造形手法としても面白そうだ。ぜひ、そういった方向で応用してくれる人が現れてくれることを祈ります。

参考文献　1) Adachi H, et al: Zoological Lett (2020) 6: 3

COLUMN 1

陛下に一本取られた話

　実は、2015年に当時の天皇陛下（現在の上皇陛下）と皇居で食事をするという奇跡に恵まれたことがある（ご退位前の話なので、上皇陛下、上皇后陛下ともに以下当時の称号で執筆させていただく）。もちろん、筆者自身はそんなVIPではないので、偶然と幸運が重なったためだ。

　その年の正月に、神経科学の重鎮であるN先生が、天皇陛下の御前で「ご進講」をしたのがそもそもの始まり。ご進講の1カ月後に、陛下が講師を皇居に招き、お礼の意味で食事会を開かれるのが慣例となっているそうで、その時に、2名の随行者を連れていくことが許される。N先生はK大学医学部教授の先生と、もう1人になんと筆者を指名してくれたのだ。

　指名してくれた理由は、はっきりしている。N先生は、筆者が専門とする魚の模様研究が、ネタとして「使える」と考えたのである。陛下が現役の動物学者であることをご存じだろうか。宮内庁のウェブサイトを見ると、陛下の論文のリストがある。数多くの論文を発表されているが、そのほとんどがハゼ類の分類に関するものだ。魚種の分類には、いろいろな形態的な特徴が使われるが、そ

の中で模様の占める割合は大きい。N先生は、「陛下が魚の模様の話に興味を示してくだされば、会食が盛り上がるだろう」と計算したのである。

　出席を即座にOKしたことは言うまでもない。こんな機会は二度とないだろう。しかし、同時に大きなプレッシャーでもある。食事会の場を盛り上げる担当なのだから、盛り下がったら筆者が悪いことになる。どうしよう。魚の模様の話は得意だが、難しい理論の話をしても、しらけるだけだろう。相手が天皇・皇后両陛下では、得意とするアニメもゲームもアイドルの話もできない。う〜む、悩ましい……。

　とりあえず、準備だけは完璧にしておこう、ということで陛下の論文すべてをダウンロードして、論文に出てくるハゼの模様を調べた。ふむふむ、これなら模様形成の理論を使ったシミュレーションで作れそう。論文に出てくるハゼの模様と、その模様を発生させる数式との対応表を作り、それをできるだけわかりやすく解説する練習をする。だが、楽しんでいただけるだろうか……。不安である。わかっていただけなければ、100％こちらの落ち度なのである。

　さらに、両陛下、特に皇后陛下が、鋭い質問をするという話も聞いたことがある。かなり以前に、N先生と筆

者の恩師のH先生が、皇太子時代の両陛下と歓談する機会があった時の話である。遺伝子と蛋白（タンパク）質の関係を説明していた時に、当時の美智子妃殿下が、「蛋白とはどういう意味ですか？」とおたずねになった。「蛋白」の語源？　思いもよらぬ質問に、固まる両先生。しかし、こんな基本的な教養もないようでは恥とばかりに頭を絞るが出てこない。その時は、隣にいたK先生が、「卵の白身という意味です。ピータン（皮蛋）という中華料理がありますが蛋は卵で、白が白身です」と助け船を出してくれて助かったとのこと。普段考えたこともない斜め方向からの質問は怖い。予習のやりようがないからだ。なんとか無事に終わるのを祈るしかない。とりあえずは準備万端整えて（スーツも靴も新調。まるで七五三です）、その日を待ったのでありました。

　当日は、3人で東京駅前のホテルで待ち合わせ。夕方6時に迎えの車が来るとのことだったので、筆者は東京駅に11時に到着。7時間もの余裕は、どこで新幹線が事故って止まっても、飛行機、あるいは車で間に合うように、である。6時にハイエースが迎えに来て、いざ皇居へ。冬なのですでに暗くなっており、皇居の中は真っ暗だった。よく見ると、何か動物の目が光っているのに気が付いた。食事会の時に陛下に伺ったら、皇居に住むタヌキとのこと。10分くらいで両陛下のお住まいに到着。職員の人に控えの間に通

していただいた。

　ほどなく天皇・皇后両陛下が現れる。にこにこして、実に上品、しかも優雅。こちらの緊張もほどけていきます。特に、皇后陛下がいろいろと気配りされるのがすごい。部屋の温度が暑すぎるのを感じて「暑いですか？」と言ったかと思うと、ご自分で空調を調整したのには一同びっくり。職員の人は「し、しまったー！」という感じでした。

　自己紹介のあと、食前酒を飲みながら歓談し、食事の用意が整うのを待つ。我々3人は、酔っぱらうことを恐れてオレンジジュース。しかし、陛下は余裕のシェリー酒。おかわりまでした。もちろん、酔うそぶりはまったく見せない。プロである。

　話題が、1992年に陛下が『Science』誌に寄稿した、日本の科学についての論文のことになった。実は、その号にN先生の論文も載っている。N先生はその号を持ってきていたのだが、陛下もそのコピーをちゃんと用意されていた。もちろん、お付きの人が準備したのだろうが、陛下の指示がなくては無理だろう。招く側の礼儀なのかもしれないが、陛下がそこまで相手に気を遣うのである。

　食事の間に移り、筆者の番がやってきた。本当はパソコンを持ち込みたかったが、それはあまりに無粋なのでできない。準備したA4のプリントを使いながら、動物の

模様のあれこれを解説。話していて感じるのは、おふたりとも、真剣に理解しようとされていること。特に皇后陛下は、理解できなかったところは、はっきりそうおっしゃるのである。あわてて、別の表現で解説し直し、納得していただくのであるが、これは正直めちゃめちゃ怖い。理解できるような説明ができなければ、こちらの能力がない、という証明なのである。

　幸い、魚の模様の話題は無事に終わり、今度はN先生の順番だ。N先生は、最近の神経科学の進歩についてわかりやすく解説。両陛下とも引き込まれて楽しそうに聞いている。だが、意外なところに落とし穴があったのである。

　N先生が「従来、神経科学の動物実験には、ニホンザルなどの大型のサルが使われてきましたが、ニホンザルでは、遺伝子の操作などを必要とする精密な研究が難しいのです。そこで近年はマーモセットという小型のサルが使われるようになりました。これにより、知能の研究の飛躍的な進展が期待されています」と説明したところで、皇后陛下からの予期しないパンチが飛んできた。

　「そのマーモセットというおサルは、どんなおサルなのですか?」

　「へ?」

　こちらの3人組は意表をつかれて、顔を見合わす。た、

たしかにどんな動物かわからないと、聞くほうもイメージが湧かないだろう……。えーと、これくらいの大きさで、こんな顔をしていて、と説明するが、画像もないし、見たことがない人にうまく伝わるわけがない。どうしたものかと逡巡していると、さらなる追撃のパンチ。

「そのマーモセットの日本語名は何ですか?」

「ほ、ほえ?」

に、にほんごめい？ ……確かに、日本語の名称は、その生物種の何らかの特徴を伝えているはずなので、この質問は鋭い、というか、どちらかというと助け舟を出してくれたということなのだろうが、いかんせん、こちらの学者3人組には、その助け舟に乗るための教養がないのである。

確か、どこかで聞いたことがあったような、なかったような……。狼狽しつつも必死に思い出そうとするが、出てこない。しかも、N先生はこちらをチラ見しながら「これはお前の役目だ」とサインを送ってくる。わ、私ですか？？ うが〜〜 出てこない〜〜〜〜。

果てしなく続くと思われた長い沈黙 (本当は10秒くらい)を破り、KOパンチでその場を締めたのはなんと本日のホスト、天皇陛下御自身だった。

おもむろに、静かな声で「それはね、キヌザルですよ」

ぐお〜〜、ま、負けた。参りました。

そうでした。キヌザルでした（図1）。こんなところで、すっと名前が出てくるということは、膨大な数の種名を覚えているのでしょう。さすが、陛下は現役の分類学者であらせられます。しかも、知ったかぶりをするように即座に言うのではなく、こちらにある程度時間を与え、出てこないと確認したのちに、そっと教えてくださるという見事な気配り。完璧です。恐れ入るしかありません。鮮やかすぎて、負けた我々が気持ちよくなってしまうくらいの見事な一本でした。

　会話のほぼすべてが学術的な話であったにもかかわらず、両陛下は終始興味を持ちつつ、積極的にそれを楽しんでおられたのが、実に印象的でした。最初、2時間と設定されていた会食が、結果的に3時間近くにもなったので、おそらく両陛下とも、我々との食事を楽しんでいただけたのだと思います。

　その後、一同ホテルに戻り、しばし反省会。思いがけず一本取られはしたが、日本の象徴である天皇陛下が、素晴らしく才徳兼備であることを実感できる、実にさわやかな一本だったことを3人で再認識。天皇は、国の政治に口出ししてはいけないことになっていますが、科学政策に関してのみ、何か言ってくれたらなぁ……。

　それにしても素晴らしい経験でした。
　両陛下のご多幸を祈りつつ。

(PIXTA)

図1　日本語名キヌザルことコモンマーモセット

CHAPTER

3

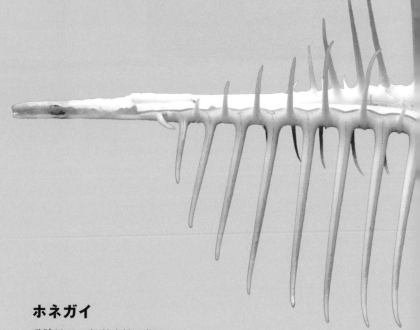

ホネガイ

吸腔目アッキガイ科の巻貝。
美しいその姿から、
英語では「ビーナスの櫛」と
呼ばれる。

写真：PIXTA

硬い鎧の制約が生む貝殻のバラエティ

　前章でお見せしたツノゼミの角(つの)形態の奇想天外さと、意味のわからなさは非常に印象的であるが、それに負けないほどの形のバラエティを持つ生物がいる。皆さん、よくご存じの貝類である。

　貝の形は非常に多様であるが、その中で、インパクトNo.1を選ぶとしたら、間違いなく上位に入ると思われるのが、このホネガイだ(図1A)。まるで、芸術家の作ったアー

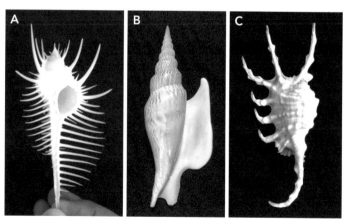

図1　いろいろな形の貝殻
A：ホネガイ、B：ヒメゴゼンソデガイ、C：フシデサソリ。

ト作品のように美しく、均整が取れている。しかし、貝が棲んでいるのは、この上部のらせんに巻いた部分だけである。それ以外の部分はとても精密に、かなりの労力を費やして作られているのだろうが、その意味がまったくわからない。

次に、図1Bのヒメゴゼンソデガイ。こちらは、巻きの最後のところがだらしなく開いてしまっている。途中まで、ちゃんときれいに巻いていたのに。

さらには図1Cのフシデサソリ。実はこちらも巻貝なのだが、突起を伸ばしまくって、外見的にはサソリそっくりの形になっている。しかし、海にはサソリなんかいないのである。

このように、変な形をしている種が、やたらとたくさんいるのに、その形の意味がほとんどわからないというのが、また面白いのである。

この現生貝類のバラエティの豊かさは、同じように殻を持つが、どちらかというとタコやイカの仲間に近い軟体動物であるオウムガイやアンモナイトと比べると、よくわかる（図2）。

アンモナイトが誕生したのは古生代シルル紀末期と言われており、白亜紀末まで、3億5千万年にわたり繁栄した。大量に化石が出てくる地層も多い。進化のための十分な時間と個体数があったことは間違いない。絶滅の間際に、「異常巻きアンモナイト」という、文字通り異常な形の種を生み出してはいるが、それは例外的であり、アンモナイト全体としては、図2を見るとわかるように、さほど形のバラエティは生じなかったのである。この違いは、いったいどこから来るのだろうか？

必要は発明の母、では発明の父は？

　生物にとって体の形は「機能」そのものである。バラエティに富んだ形は、バラエティに富んだ環境に適応しようとして生まれる。「必要は発明の母」なのだ。では、発明の父は何だろう？　これにはいくつか考え方があるが、筆者は「制約」だと考えている。一見、制約はデザインの可能性を狭くするように思われるが、そうとは限らない。強い「必要」があれば、制約を乗り越えるためにさまざまなアイデアが生まれるからだ。

　制約が多様性を生んだ例を1つ紹介しよう。風力発電などに使用する風車は、現在では3枚羽根の大きな扇風機

図2　さまざまなアンモナイト

アンモナイトには非常に多くの種が同定されているが、現生貝類の形態のバリエーションと比べれば、全体的には似たような形をしている。写真提供：北海道大学シュマの会（井上新哉氏、森口時生氏）

のような形をしたものが広く普及している。しかし、場所
によって、「風向きが安定しない」「台風が高頻度で来る」
「騒音が大きいと問題になる」などの「制約」がある場合に
は、必ずしもこの形が最適とは限らない。そのため、小型
のものを中心に、用途や環境に合わせて実にさまざまな形態
の風車について、効率を実証する実験が行われてきた（図3）。
先に挙げたような「制約」がなかったなら、そのような試み
は、あまり必要ないのである。

　現生貝類の形状にさまざまなバリエーションがあるという
ことは、新しいデザインの創造を強いる何らかの「制約」があっ

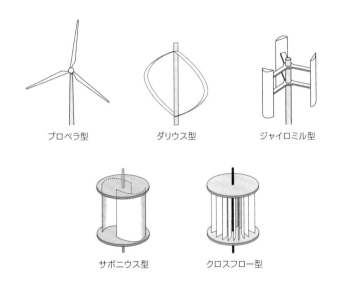

プロペラ型　　　　　　ダリウス型　　　　　ジャイロミル型

サボニウス型　　　　クロスフロー型

図3　さまざまな形態の風車
風がどのくらいの強さで吹くか、強弱がどのくらいあるかなどの条件
が制約となり、条件に合わせて最適な形の風車がデザインされている。

た可能性がある。もしそうなら、その「制約」を見つけること
ができれば、それぞれの貝の形状が必然である理由が説明で
きるかもしれない。

　というわけで、この章のテーマは、その「制約」を見つけ
出して、現生貝の形の謎を一気に解消してしまおう、とい
うものである。ご期待ください。

貝殻の形は、円錐が基本

　貝殻の形に多様性をもたらす「制約」を探す前に、そもそ
も、貝殻の基本形がどのようなもので、なぜそうでなくて
はいけないのかを理解する必要がある。実は、前著『波紋
と螺旋とフィボナッチ』でそれを説明しているのだが、読
んでいない方や忘れた方のために、以下、簡単に復習した
い。もちろん、覚えておられる方にも、1つおまけを用意
させていただいた。貝の形をシミュレーションするプログ
ラムである（こちらについては本章の最後にご紹介する）。

　それでは、貝殻の形の法則性を解説しよう。結論から言っ
てしまうと、貝にはいろいろな巻き方があるが、ほどいて
しまえば、ほとんどは円錐形（錐体）なのである（図4）。

　なぜそうなるのか？　貝殻の主な役割は、鎧として軟体
動物の体を守ることである。しかし、貝殻の成分である炭
酸カルシウムの結晶は硬くて、伸ばしたり折ったりするこ
とはできない。だから、体をすっぽり覆ってしまえば、体
を大きくすることができなくなってしまう。いちいち古い
殻を脱ぎ捨てて、新しい殻を作るという手もあるが（それを

やっているのが昆虫などの外骨格生物）、それは面倒だし危険が伴う。すでにある殻を温存しながら成長するには、一部に開口部を残しておいて、その部分に殻を継ぎ足していくしかない（図5）。貝殻の形は、この継ぎ足しがどのように行われるかによって決まる。もう少し詳しく言えば、リング状の「成長部分」の形状のバリエーションが、個々の種に特有な貝殻の形を作るのである。

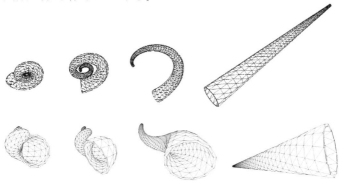

図4　貝殻の形の基本となる円錐形
貝殻の「巻き」をコンピュータ・シミュレーションでほどいていくと、その多くは図の右端のような円錐形になる。

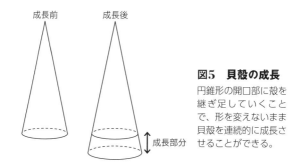

成長前　　成長後

成長部分

図5　貝殻の成長
円錐形の開口部に殻を継ぎ足していくことで、形を変えないまま貝殻を連続的に成長させることができる。

継ぎ足しリングのバリエーションと貝殻の形状

さて、このリングの形状にはどんなバリエーションがあるだろうか？ また、それが貝殻全体の形状に、どのように反映されるだろうか？ これも結論から言ってしまうと、付加されるリングの形状を決めるパラメータは、以下の5種類であることがわかっている（図6）。

　①開口部の拡大率（頂点角）
　②開口部の場所による成長率の違い（曲げ角）
　③曲げ方向の回転（ひねり角）
　④軸の傾き（底面と軸の角度）
　⑤開口部の形状（底面の形状）

頂点角によるバリエーション

1つ目のパラメータは、開口部の拡大率である。拡大率が一定であれば、この角度は、円錐の頂点の角度と一致する（図6のa）。頂点角度が大きいと、カサガイのような形に

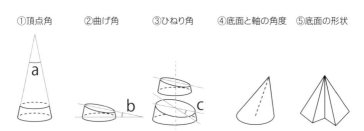

①頂点角　　②曲げ角　　③ひねり角　　④底面と軸の角度　⑤底面の形状

図6　貝殻の形を決める5つのパラメータ

なる（図7の右端）。開口部が広いので、底面部分は守られないが、カサガイのように、岩にぴったりくっついていれば大丈夫だ。その反対が、ツノガイである（図7の左端）。これだと開口部が小さいので、ほぼすべての部分が守られ、防御能力は高い。しかし、これではどう考えても動きづらい。だから、ツノガイは自らは動かず、砂に埋まった状態でプランクトンを捕るという生活をする。

曲げ角によるバリエーション

　形を決める2つ目のパラメータは、リング内の場所による成長率の違いである。リング内の場所によって成長速度が異なると、成長リングの後端面と前端面が平行でなくなる。この角度を、ここでは「曲げ角」と呼ぶことにする（図6のb）。曲げ角が0だと、まっすぐな円錐になる。図7のカサガイやツノガイである。曲げ角を大きくしていくと、直円錐が、徐々

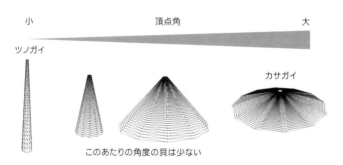

図7　頂点角度を変えた場合の貝殻の形状変化
頂点角度が小さいとツノガイのような形になり、頂点角度が大きいとカサガイのような形になる。その中間くらいの頂点角度を持つ貝は、あまり見つかっていない。

に渦巻き状に変形する(図8)。内側の貝殻が、外側の貝殻と接触するまで曲げていくと、アンモナイトの形状になる。

┃ ひねり角によるバリエーション

3つ目のパラメータは、ひねり角である。これはちょっとイメージするのが難しいが、図9のBとCを比べてみれば理解していただけるだろう。成長リングの上で、成長が遅い場所がいつも同じところにあれば、ひねりは0で、上述のアンモナイトの場合と同じになる。図9Cのように、成長が遅い場所がリング上を一定速度で回転すると、三次元にひねりが入ったらせんができる。図10は、頂点角、曲げ角を一定にして、ひねり角を変えたシミュレーションである。とがった貝殻や、カタツムリのようにやや平たい貝殻など、いろいろなバリエーションの貝殻ができる。これを

図8　「曲げ角」を変えた場合の形状の変化
曲げ角が0だと一番右のようなまっすぐな円錐になり、曲げ角を大きくしていくと、徐々に渦巻き状に変化して左端のアンモナイトのような形になっていく。

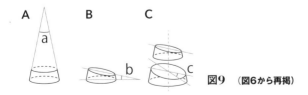

A

B

C

a

b

c

図9　**(図6から再掲)**

見ると、通常の貝の巻き方のバリエーションは、ほとんどがひねり角の違いによることがわかる。

円錐軸の角度によるバリエーション

4つ目のパラメータは軸の傾きであるが、これを曲げ角と組み合わせると、意外なことに二枚貝を作ることができる（図11）。

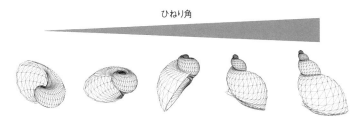

図10 「ひねり角」を変えた場合の形状の変化
頂点角、曲げ角を一定にして、ひねり角だけを変化させたシミュレーション。ひねり角を大きくしていくことで、左端のアンモナイトのような形から、右端のとがった巻貝のような形まで、さまざまなバリエーションの貝殻が再現できる。

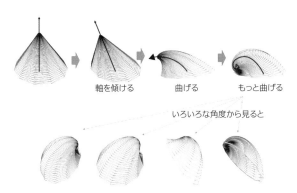

図11 二枚貝の形の作り方
頂点角70～80度くらいで、軸を少し傾けてから曲げていくと、二枚貝の片側の貝殻の形になる。

具体的には、頂点角を 70 〜 80 度くらいに設定し、次に、軸を傾けて頂点が円柱の縁あたりにくるようにしてから曲げていく。そうすると、どこから見ても、見事に二枚貝の形になるのである。まったく異なる形に見える巻貝と二枚貝とが、同じ基本構造を共有しているのだ。これは、何でそうなるのかを頭で理解するのはとても難しいので、ぜひ、章末で紹介するソフトを使って、ご自分で確認していただきたい。自然の法則の巧みさに感動できることを保証します。

開口部の変形

さて、残された「動かせるパラメータ」が、開口部の形である。アンモナイトの開口部の形は、ほとんどが真円か楕円であるのに対し、現生の貝では、非常に多様な形をしている。図 12A のように、開口部を細い長方形のような形にするとイモガイの仲間に、角を作って二等辺三角形にする

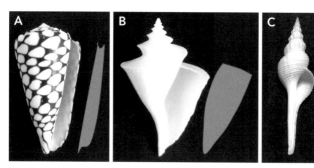

図12　殻口(開口部、青色の模式図)の形の違いによる貝殻の形状の違い
A：イモガイの仲間(ナンヨウクロミナシ)、B：チマキボラ、C：ナガニシ。

とチマキボラ(図12B)、楕円を一方に引き伸ばしたような形にするとナガニシ(図12C)ができる。

　貝が持つ突起に関しても開口部の形状で説明できる。開口部の形を周期的に変えて、とがった部分を一時的に作ればよいのである(図13)。

現生の巻貝とアンモナイトの違い

　現生の巻貝とアンモナイトで大きく違うのは、前記のパラメータの③と⑤、つまり、ひねりの有無と開口部の変形のあるなしである。

　アンモナイトの場合、一部の異常巻き以外は、ひねりのない「平巻き」で統一されている(図2)。一方で、現生の貝(特に巻貝)では、平巻きのものはほぼない。なぜ、現生の巻貝は「ひねり」などという面倒くさい技を使うのだろうか? ほぼ例外なくそうなのだから、何か明確な理由があるはずだ。

　ここで皆さん、自分が巻貝になったつもりで考えてみて

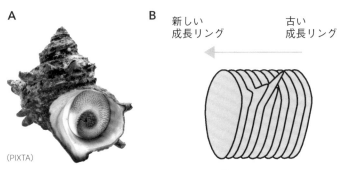

A

(PIXTA)

B
新しい
成長リング　　　　　　　　　古い
　　　　　　　　　　　　　成長リング

図13　突起のある巻貝の貝殻(A)が成長する様子のイメージ(B)

ください。巻貝が生活するのは、水圏の底面、あるいは岩の表面である。で、巻貝であるあなたの近くに、敵が来た！さぁ、どうする？皆さん、以下のように考えるはずです。「貝殻に守られている部分は安全なので、何とか開口部が露出しないようにしたい。そのためには、開口部を底面か岩の表面に密着させてしまえばよい」と。

　図14は、いろいろな巻貝を、開口部を下にして、平面に置いてみたところである。どの巻貝でも、見事に開口部が下を向いて安定するのがわかると思う。そのとおり。ひねりの角度は、安定して底面に密着できるようになっているのだ。

　もしひねりがなかったらどうなるか？アンモナイトの親戚であるオウムガイで試してみよう。図15のように、縦に置いても横に置いても、開口部を底面に密着させることができない。非常に防御力が低いのだ。だが、アンモナイ

図14　ひねりのある巻貝を平らな面に置いたところ
ひねりのある巻貝を平らな面に置くと、開口部は底面と"ほぼ"密着する。

トやオウムガイの場合はこれでよい。なぜなら、彼らは底
棲ではなく、水中を泳いで生活している（いた）のだから。現
生の貝は、底面を這って移動するので、素早く外敵から逃
げることができない。そのため、防御には万全を期す必要
があるのだ。

ひねりが生む制約＝左右非対称性

さて、貝が開口部を守るためには、貝殻に「ひねり」を入れ
る必要があることがわかった。おそらく、ほぼすべての巻貝
がひねりを持つということは、このひねりの防御力こそが、
ゆっくりとしか動けない貝類が繁栄している1つの要因なの
だろう。だが、ひねりは、左右非対称という大きな形態変化
を生む。逆に何かデメリットは生じないのだろうか。

皆さん、もう一度、貝になったつもりで考えてみてくだ
さい。そして、背中に左右非対称な形のリュックサックを背

図15　オウムガイを平らな面に置いたところ
A：横向きに置いたところ。開口部が真横を向き、ひどく無防備になる。
B：縦向きに置いても、大きな隙間ができる。

負った状況を想像します。しかも、そのリュックサックはとても重いのです。どうですか？　動きにくくないですか？

　貝が海底を歩いて移動する場合、当然、貝殻を持ち上げた状態にするわけだが、その時の体と貝殻の関係はどうなるだろうか。例えば、図16A、Bのジュセイラという名前の貝の場合だと、貝が歩いている状況を横から見ると、お

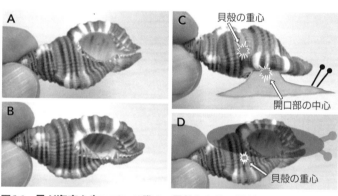

図16　貝が海底を歩いている際の、貝殻と本体の関係
A、B：ジュセイラの貝殻と、その開口部の形状。C：ジュセイラが海底を歩いている状況を横から見た場合の、貝殻の重心と開口部の中心の位置関係の想像図。D：Cの状態を下から見た際の貝殻の重心位置。重心位置は、貝本体から上下にも横方向にもずれている。

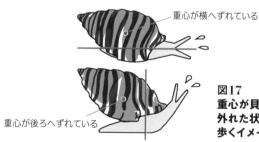

**図17
重心が貝本体から
外れた状態で
歩くイメージ**

そらくは図 16C のようになるはずだ。

　持ち上げる貝殻部分の重心が、開口部の中心から、後ろ方向に大きくずれてしまっているのがわかる。さらに、それを下から見たのが図 16D だ。貝殻の重心が、貝本体から横方向にも外れてしまう。これはちょっと歩きづらそうだ（図 17）。なんとか、貝殻の形を変えて、うまく重心を開口部の位置に持ってくることはできないだろうか。

　これまでに説明したように、貝殻の素材からくる制約のため、操作できるパラメータは 5 種類しかない。そのうち、①、②、③、（④）は、巻貝の基本構造を作るために使ってしまっている。だとしたら、残っている「動かせる」パラメータは、底面の形、つまり開口部の形そのもの、ということになる。

前後のバランスをとるには……

　開口部の形を変えると、貝の形は大幅に変わる。実は、この形状変化が、貝殻の重量バランスをとるのに役立っているのである。

　図 18 のナガニシの、下（実はこちらが前）に伸ばした突起を見てほしい。こんなのいくらなんでも長すぎて邪魔に思えるが、

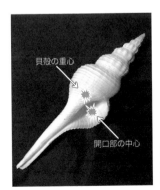

貝殻の重心

開口部の中心

**図18
ナガニシの貝殻の
重心位置と開口部の中心のイメージ**

ちゃんと、重心を開口部に近づけるのに役立っている。細長い突起は邪魔なようだが、長ければ、少ない材料でバランスをとれるというメリットもある。そう考えれば、ハシナガソデガイの異常な長さの突起もある程度理解できるだろう（図19）。

　さて、前後のバランスは解消されたが、まだ左右のバランスが残っている。下（前方）に突起を出すだけでは、横方向のバランスをとることは不可能だ。今度は、らせんの軸と直交する方向に、突起を伸ばす必要がある。それをやっているように見えるのが、イチョウガイ、サソリガイ、ホネガイなどの仲間である。

　図20Aはトナカイイイチョウという貝であるが、下（前方）だけでなく、側方にも突起を伸ばすことで、重心を開口部に近づけているのがよくわかる。

　図20Bは、この章の冒頭で「意味不明」と紹介したフシデサソリである。左の半分が、重い巻貝の部分だ。これだけだとひどく左右非対称だが、右側に肢のような構造を作ることで、バランスがとれているのがわかるだろう。サソリの肢に似た突起は、単なる装飾品ではないのである。

図19　ハシナガソデガイ

　最後に、コレクターの間で一番人気のホネガイを見てみよう（図21）。これも、らせん部分の重心は開口部からかなり離れてしまっているが、下（前方）と側方に長い突起を伸ばすことで、重心の移動に成功していることがわかる。以上の説明を読んで、「ほんまかいな？」と思われる読者もいると思う。そんな方でも、ホネガイが、開口部の中心で貝全体を持ち上げて、見事にバランスを取りながら、移動している様子を見れば納得していただけるのではないだろう

**図20
下から見た
トナカイイチョウ(A)
とフシデサソリ(B)**

突起が存在しない場合の重心

突起を加えた重心

**図21
ホネガイの
重心のイメージ**

か（図22）。

　バランスをとる方法は他にもあり、まったく別の方法で
この問題を解決している種も存在する。タカラガイである
（図23）。タカラガイの成長の模式図を見てほしい（図24）。幼
貝の時は、ちゃんと巻貝の形をしているのだが、成熟する
と、図25の写真のように外套膜という器官がびろろろ〜〜
んと伸びて貝全体を覆い、外側に貝殻を付加し始める（外套
膜について、詳しくは次章で解説します）。基本形状の作り方を無
視した、明らかな反則技である。しかし、この技のおかげ
で、完成したタカラガイの形を見ると、ほとんど左右対称
となり、重心の問題は解消されているのである（図26）。

貝殻の形のルール

　以上のように、極めて多様に見える貝の形には、極めて

図22　ホネガイの歩く様子
写真提供：ダイビングチーム すなっくスナフキン

図23　タカラガイ

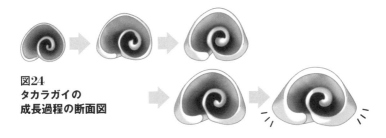

**図24
タカラガイの
成長過程の断面図**

**図25　タカラガイの外套膜が
貝殻を覆っている様子**

写真提供：PPS 通信社

**図26　タカラガイの左右軸
方向のバランスのイメージ**

物理的なルールが存在する。まとめると、

1）貝殻は硬いので、縁を継ぎ足す形で成長（付加成長）する。

2）1の制約から、内部空間の形態を一定に保つには、錐体でなければならない。

3）2の制約から、変形のバリエーションは、①頂点角、②曲げ角、③ひねり角、④底面と軸の角度、⑤底面（開口部）の形状、の5つが許される。

4）現生の貝は、開口部を底面に密着させるため、ひねりが必要。

5）ひねりによる重心のずれを緩和させるために、開口部の変形が起きる。

となる。

非常に物理的な決定要因であり、つまるところ、1が決まれば、2〜5は自動的に決まってしまう。だから、もし、宇宙にあるほかの星で、硬い殻を被る生物（条件1）が進化したとしても、2〜5の制約が生じるので、ほぼ、同じような巻貝が進化するはずなのだ。うん、実に面白い。

さて、形のルールがわかったところで、おそらく読者の皆さんは、このような幾何学的な貝殻の形態を、貝（の本体）が、どうやって作っているのかが気になっていると思う。ご心配なく。次章でそれについてお答えします。

貝殻作成ソフト
(Shell Shape Generator)の使い方

　貝の形を 3D で作れるソフトウェアのウェブ版です。ブラウザ上で動きますので、インストールしなくても使えます。検索エンジンに "shell shape generator programs" と入力して検索すると、以下のソフトウェアの紹介ページが見つかるはずです(Shell Shape Generator Programs- パターン形成研究室：https://www.fbs-osaka-kondolabo.net/shell-shape-programs)。紹介ページにうまくたどり着けない場合は、右下の QR コードからどうぞ。

　下のトップページの画面で、左から、初級(A Basic Shell Shape Generator Software)、中級(shell shape generator)、上級(Nipponites mirabilis generator)の 3 種類のプログラムが選べますので、まずは一番左の初級を選んでください。

　初級のサイトをクリックすると、次ページの画面が出てきて、その状態で使用可能です。

トップページ
の画面

使い方

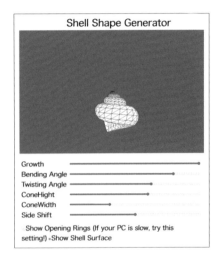

画面上にカーソルを置いてドラッグすると、貝を3D回転できます。

成長ステップ (Growth)、
曲げ角度 (Bending Angle)、
ひねり角度 (Twisting Angle)、
円錐の高さ (Cone Hight)、
円錐底面の大きさ (Cone Width)、
円錐軸の傾き (Side Shift)
の各パラメータを、スライダーで変えることができます。

動きが遅いときには、「Show Opening Rings」のモードを試してください。

　それぞれのスライダーを動かして、何が起きるかを試してみてください。このソフトでできることが、容易にわかると思います。あるいは、左の QR コードからアクセスすると、それぞれのスライダーを動かすと何が起きるかがわかる YouTube 動画に飛べますので、参考にしてください。本文中で紹介したパラメータのうち、頂点角に対応するスライダーはありませんが、代わりに、円錐の高さと底面の大きさを独立に変えられるようになっています。

　中級バージョンでは、開口部の形を変えることができ、それにより、いろいろな形の貝殻を作ることができます。

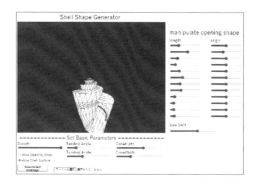

　上級バージョンには、ひねり角を周期的に変えることができる機能があり、白亜紀の異常巻きアンモナイト、ニッポニテスの形を再現できます。詳しくは、ホームページをご覧ください。

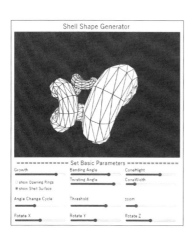

CHAPTER

4

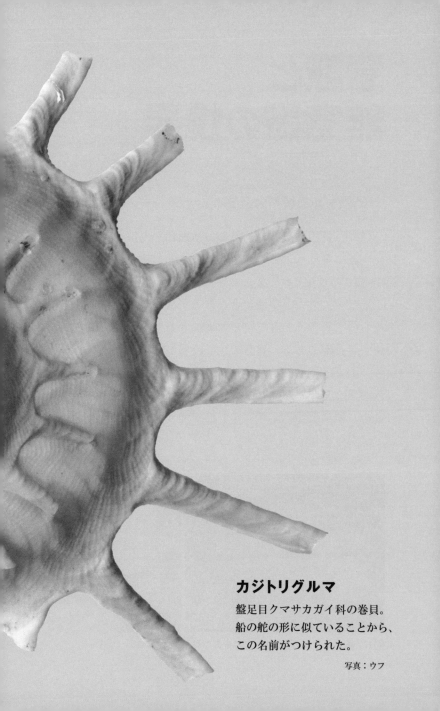

カジトリグルマ

盤足目クマサカガイ科の巻貝。
船の舵の形に似ていることから、
この名前がつけられた。

写真：ウフ

意識と
無意識の境界

貝殻を作る鋳型はどこに？

さて、貝殻の形の背後にある法則性が理解できたところ
で、この章では、その見事な幾何学的形状が、どうやって
作られているのかを考えていこう。

貝殻は、貝の分泌液に含まれる炭酸カルシウムが固まっ
たものだから、それが特定の形になるためには、何らかの
鋳型が必要である。貝殻のすぐ内側には貝の本体があるか
ら、直感的には、その本体の外表面が鋳型となり、貝殻の
形が決まると思いがちであるが、それは正しくない。軟体
動物、特に貝類の本体は柔軟性がありすぎて、きっちりし

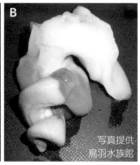

図1　チマキボラの貝殻(A)**と中身の軟体部**(B)

た形の貝殻の「鋳型」にはなれないのだ（カタツムリを思い出してください）。わかりやすい例をお見せしよう。

図1は、チマキボラという、貝殻に鋭角の部分を持つ種の貝殻（図1A）と、その本体（軟体部）を外に引っ張り出したもの（図1B）である。ご覧のように、引っ張り出してしまうと、貝本体に鋭角の部分はなくなってしまう。「軟体」動物なので、当たり前のことではあるが、形は貝殻のほうにあり、貝本体にはないのである。

貝殻をつくる鋳型は外套膜

では、鋳型はどこにあるのだろう。貝殻を作る組織を外套膜という。図2は二枚貝の写真であるが、貝柱や内臓を覆っている薄い膜があることに注目していただきたい。これを取り分けて煮付けて干すと、いわゆる貝ひも、という珍味になる（図3）。明らかに、それ自体に決まった「形」はない。では、これがどうやって貝殻を作るかというと、そ

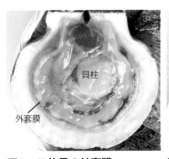

貝柱

外套膜

図2　二枚貝の外套膜
(PIXTA)

図3　貝ひも

の様子を示したのが図4である。

　貝殻の外側には、タンパク質でできた薄い膜があり、その膜の先端を、外套膜がつかむことで、閉じた空間ができている。そこに外套膜の細胞が炭酸カルシウムを分泌することで、狭い空間内で結晶が成長するのである。つまり、この外套膜の役割は、コンクリート建築に例えれば、コンクリートを注ぎ込む「型枠」である。もちろん、貝殻の形は、この枠型の形に従ってできることは言うまでもない。

　外套膜そのものには決まった形がないにもかかわらず、しっかりとした型枠になるというのは、一見、矛盾しているようであるが、それが不可能ではないのだ。外套膜は筋肉質であり、複雑な神経網が張りめぐらされている。だから、貝の本体はこの外套膜をいろいろな形に変形させることができる。つまり、型枠の形を自由に制御できるのだ。

　そう考えると、貝の本体がやっていることは、なんだか図5のような、陶芸の作業にそっくりなのである。

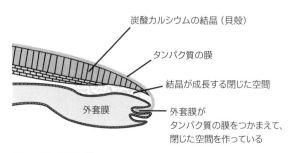

図4　貝の外套膜

貝殻の設計図の所在

　手びねりで陶器を作るときには、開口部に粘土を継ぎ足していく。だから、形を作っていく直接の要因は、手の動きであるのだが、最終形の構想、つまり設計図はどこに存在するのだろうか？　普通に考えると、職人の頭の中となるだろうが、職人によっては、「頭で考えるのではなく、手がひとりでに動いて」とか言う人もいるらしい。貝の場合はどうだろう？

　ヒトの場合、大脳による制御が支配的だが、一般に動物では、末端の神経節が体の動きを制御することも多い。だから、貝の場合も末端（外套膜の中か、近く）の神経網が、筋肉に指令して、無意識的に外套膜の形状を決める、という可能性がある。だが、軟体動物はけっこう「知性」的な生き物なのである。タコにびん詰の餌を与えると、目で餌の存在

図5
手びねりで陶器を作る
イメージ

を確認した後、フタをひねって開けて餌を取り出す、という観察結果が報告されている[1]。また、貝の仲間でも、図6の写真のアンボイナは、外套膜を広げて「投網」のように使い、獲物（魚）を追い詰めて捕まえる。

　明らかに、外套膜を意識的に動かせるのである。だから、外套膜による貝殻作製作業は「意識的」である可能性もある。

クマサカガイの意識的な装飾デザイン

　実は、どう考えても意識的に貝殻を作っている、と思われる例がある。図7の写真を見てほしい。

　巻貝の貝殻の外縁部に、さらに小さな貝殻が接着してあるように見える。くっついている貝殻は大きさがそろっているうえに、間隔も一定。しかも、角度もほぼ放射方向となっており、デザインに統一感がある。そう、とても人工的な感じがするのだ。何かの工芸品というか、みやげもの屋

図6　アンボイナの外套膜　　　　　　　　　　　　(amanaimages)
イモガイの仲間のアンボイナ（写真左）が、外套膜を
投網のように広げて魚を捕食しようとしている。

の展示品のように見える。

　しかし、くっついている部分を拡大しても、接着剤などの痕跡はまったく見えない（図8）。小さな巻貝の一部が、本体の貝殻にきれいに埋め込まれて融合している。見事な細工である。それもそのはず、この見事な細工をしているのは、みやげもの屋のおじさんではなく、この貝自身なのである。

図7　クマサカガイ
写真提供：Memory of far sea..
(http://mofs.sakura.ne.jp)

　この貝はクマサカガイという天然の貝で、「拾った貝殻を自分の貝殻にくっつけて、放射状の突起構造を作る」という習性を持っている。この装飾を作るには、まず、適当な大きさと形の貝殻を探し、向きをそろえ、同じ間隔で接着するという、非常に複雑な工程が必要だ。本能的な無意識の動きで

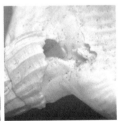

図8　クマサカガイの外縁部に付いている、小さな貝殻の接合部分
貝殻の接合部分を拡大して見ても、接着剤などで付けた痕跡はない。

はちょっとできそうもない。だから、ある程度の知性を前提とした、意識的な作業であることは間違いないだろう。

近縁種カジトリグルマ

では次に図9の貝を見ていただきたい。カジトリグルマという名の貝である。この貝も、貝殻の外縁に放射状の突起がある。長さも間隔も、クマサカガイに近いが、この場合は、貝の縁が棒（棘）状に伸びて、放射状の突起を作っている。ご存知のように、貝殻に突起がある種類はたくさんいる。サザエなどもその1つ。突起は、貝殻の一部として無意識的に作られるはず、というか、意識的かどうかなんて誰も、考えたこともないだろう。

だが、ここで意外な事実がある。クマサカガイとカジトリグルマは、ものすごく近縁なのである。それぞれの学名は、*Xenophora pallidula* と *Xenophora solaris*。*Xenophora* が属名で、*pallidula*、*solaris* が種名である。つまり、カジトリグルマとクマサカガイは、分類学上、同じ「属」に含まれる。分類群は、細かい方から、種、属、科、目、綱、門、界、となっている。属レベルで同じ種となると、ヒョウとトラ（*Panthera* 属）、クロマグロとキ

図9　カジトリグルマ

ハダマグロ（*Thunnus* 属）くらい近い。このレベルの近さだと、体形はほとんど区別がつかないぐらい似ていることがほとんだ。実際に、この2種を並べてみると、突起以外の形状は、驚くほどよく似ているのである（図10）。

　非常に近縁ということは、遺伝子がほとんど同じであり、当然、体の形を作る原理も同じ、ということである。だから、クマサカガイとカジトリグルマの突起を作るやり方は同じ、すなわち、意識的な作業である可能性が高いことになる。

　えっ？　マジで？

材料は違うが同じ技でOK

　落ちている貝をくっつけて作るのと、実直に貝殻の縁を伸ばしていくのとでは、全然違うだろう、と思うのが普通

図10
カジトリグルマ（左）と
クマサカガイ（右）
A：横から見たところ、
B：裏から見たところ。

である。実際に、私もそう思いました。でも、面状の外套膜を使って作業をする様子を思い浮かべると……なんだか似ていないこともない。

　まず、クマサカガイが、小さい貝をつかんで自分の貝殻の縁にくっつけるところを想像してみる。伸ばした外套膜を丸めて小さい貝をホールドし、自身の貝殻に垂直になるように固定すると、図11Aのようになるはず。その後、基部に炭酸カルシウムを分泌して、装飾のできあがりである。次に、図11Aの状態から、小貝を抜き取ってみる。すると、外套膜によって包まれたチューブ状の空洞ができる(図11B)。この内側に炭酸カルシウムを分泌して固まれば、そのまま、カジトリグルマの突起ができるはず。つまり、材料は違えど、外套膜の動きとしては、ほとんど同じでかまわない。おそらく、どちらからどちらへの進化も、容易に起きたことだろう(図12)。

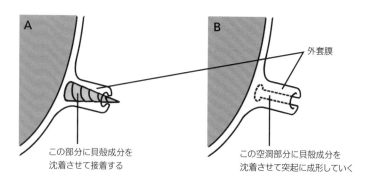

この部分に貝殻成分を
沈着させて接着する

この空洞部分に貝殻成分を
沈着させて突起に成形していく

図11
クマサカガイが貝殻を接着する様子(A)と
カジトリグルマが突起を伸ばす様子(B)の想像

意識的か、無意識的か？

前章で説明したように、開口部の形は、貝の形にバラエティを生み出す5つのパラメータの1つであり、カジトリグルマに関しては、それが意識的な作業の結果である可能性が出てきた。だとすれば、他のパラメータに関しても、外套膜の無意識的な挙動ではなく、意識的な作業の結果として決められる、ということはないだろうか。

パラメータが常に一定だと、無意識の作業っぽいので、パラメータが途中で変化するものを図鑑で探すと、けっこうたくさん見つかる。なかには、とんでもないものもいる。

図12
クマサカガイと
カジトリグルマの
進化についての想像

A：クマサカガイ・タイプが祖先型だと仮定した場合。最初は落ちている貝をくっつけていたが、環境が変わって適当な貝がなくなってしまい、自分で作るようになった。
B：カジトリグルマ・タイプが祖先型だと仮定した場合。最初は自力で突起を作っていたが、小さい貝がたくさん落ちているような環境では拾った貝を使うほうが効率的だったので、そのような個体が現れて種の中に広がった。

図13Aのスミスエントツアツブタガイと図13Bのキセル
ガイは、成長して親貝になってから、巻きの曲げ角とひね
り角を変える。キセルガイは底面に密着しやすいように変
化させているので、ちょっと意識的っぽい（図14）。

　図13Cのラッパガイも成長してからの変化であるが、開
口部が外側を向いてしまい、ちょっと意味がわからない。図
13Dのミミズガイは、最後の方でひねり角、曲げ角がグダグ
ダになってしまっている。途中からパラメータを一定値にで
きなくなるということは、逆に、一定値に保つためには、何
らかの「意識的」な作業が必要ということかもしれない。

　もう1つとんでもないやつを紹介しよう。サカダチマイ
マイである（図15）。最初は素直にカタツムリの巻き方なの

図13　成長途中で殻の巻き方を変える例
A：スミスエントツアツブタガイ、B：キセルガイの仲間、C：ラッパガイ（写
真は国立科学博物館 亀田勇一博士のご厚意による）、D：ミミズガイ。

に、最後のところで縦に1回転し、開口部が上を向く。変則的になってからの巻き方は、拡大率はゼロ、曲げの方向が90度変化し、ひねりはなくなる。開口部の形も円形からひしゃげた横長になる。これぐらい無茶をしないと、こんな形にはならないのである。意図的であるかないかを超えて、「俺は決まりごとには従わない！」という気合さえ感じてしまう。

このように、現生の貝でも5つのパラメータを変化させることのできる貝はけっこう存在するのである。また、それらは、いろいろな系統に散らばっているので、潜在的にパラメータ値を変化させることができる貝は、けっこうたくさんいることになるだろう。

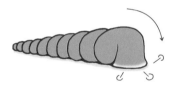

図14　キセルガイの場合
開口部を90度曲げることで、殻を水平に倒したままで、開口部を底面に密着させることができる。

図15　サカダチマイマイ

実験で証明できるか？

さて、貝が貝殻を意図的に作っていてもおかしくはない、ということは、納得いただけたのではないだろうか。だが、もちろんこれらは状況証拠であって、決定的な証明とは言えない。実際に貝を実験室で成長させて、貝が状況により「意図的に」巻き方、あるいは開口部の形状を変えることを確認しなければならない。

そこで、簡単な実験をやってみた。魚の飼育用の水槽に寄生していたタニシの仲間を使い、貝殻にサンゴのかけらを接着剤でくっつけ、重心を移動させてみたのである（図16）。

その状態で成長させると、どうなったかというと、残念ながら、ほとんどが死んでしまったのである。なぜだかわからない。底面に密着できない状態では、強いストレスがかかる

A

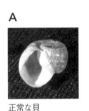

正常な貝

B

サンゴを接着剤で付けて、
バランスを崩す

多くは、成長せずに
死ぬ

一部生き残ったものは、
成長が不規則

図16　タニシの重心を移動させる実験
正常な貝（タニシ）に接着剤でサンゴを付けて重心の位置を変えたところ、多くは成長せずに死んでしまったが、一部生き残ったものでは不規則な成長が見られた。

のかもしれない。だが、いくつか生き残ったものの貝殻を見ると、明らかに変な形に成長したものがいくつかあった (図 17)。

実験は、成功か? という気もしないでもないが、ちょっと生存確率が低すぎて、科学論文として発表できるようなデータにはなっていない。その後、タニシは水槽から駆除してしまったので、この実験は続けていない。

夏休みの自由研究にどうでしょう

実験結果が尻切れトンボのようで申し訳ないが、今のところ、データはこれだけである。今後、時間があれば自分でもう一度やってみたいが、もし、読者の皆さんでこれをやってみたいという方がいれば、ぜひご自分で試してみてほしい。実験は簡単である。貝が、開口部を底面に密着しにくいような細工をして飼育し、普通と違う巻き方になるかどうかを見ればよいだけ。一番の問題は、そのような細工に対するストレスに強い種を探さなければならないことだ

巻きが少し上向きになった　　　　巻きが下向きになった

図17　少し巻きが変わったように見えるもの
図 16 の実験で生き残ったタニシの貝殻。巻きが少し上向きになっているものや、巻きが下向きになっているものなどが見つかった。

が、これは時間と人数をかければ、何とかなるかもしれない。それ以外、専門的な知識もいらないし、逆に、細工に対するストレスに強い貝なんて、どんな生物学の専門家も知らないから、素人もプロも同じスタートラインにいると言ってもよい。もし、実験がうまくいけば、夏休みの自由研究みたいな作業で、プロの生物学者がうらやむような雑誌に論文を載せることが可能だ。さらに、それだけで、大学教授くらいには、なれちゃうかもしれません（私は、魚の模様が動くことを、自宅で発見して教授になりました）。ぜひ、チャレンジしてみてください。そして、うまくいったら、私に教えていただければ、大変うれしいです。

参考文献   1）https://www.youtube.com/watch?v=9kuAiuXezIU
2）Chirat R, et al: PNAS (2013) 110: 6015-6020

COLUMN 2

ジャパネットたかた社長に学ぶ
学会発表の極意

ジャパネットたかた社長が大好き

　10年くらい前に、通販番組にハマったことがある。ハマったといっても、通販グッズを買いまくったわけではない。商品を紹介するプレゼンターが披露する数々の技や話しぶりが面白くて、ついつい見てしまうようになったのだ。

　通販番組の見どころは、一癖も二癖もありそうなプレゼンターの口上と実演だが、筆者のお気に入りは、なんといってもジャパネットたかたの髙田明 元社長である。彼のプレゼンは、「良いものを売りたい」という気持ちがひしひしと伝わってきて、見ているだけでなんだかとても心地よかったのだ。ネットで評判を見たら、通販そのものでなく彼のファンがたくさんいるらしい。当然だろう。

　残念ながら、髙田明 元社長は2015年に社長を、2016年にはメインプレゼンターを引退してしまったが、彼の素晴らしいトークは、ぜひ文化遺産（？）として残しておきたいと、真剣に考えている。なぜなら、彼が駆使するさまざまな技法は、通販だけでなくあらゆる目的のプレゼンテーション、筆者の場合は特に学会発表にとって、ものすごく参考になるからだ（そんな彼への敬意もこめて、以下では、引退後ではあるがあえて「髙田社長」と書かせていただく）。

通販番組と学会発表は、実は似ている

　なぜ、通販番組が学会発表の参考になるのか。理由は、この両者において、話し手と聞き手の関係がとても似ているからである。もっと具体的に言うと、通販番組も学会発表も、聞き手の心をとらえるためには、乗り越えねばならない共通の困難がある。

視聴者・聴衆の興味をひくことの難しさ

　通販の番組ではどんなものが売られているのか、思い出してみよう。高価な包丁セット、低反発のマットレス、高枝切りばさみ、掃除用高温水蒸気発生器などなど。そのとおり。どれも、必需品とは言い難いものばかり。そもそも本当に必需品であれば、スーパーか家電量販店で普通に売っているはずなので、わざわざ通販で買うことはないのだ。だから、通販番組とは「必要のない物を、テレビを観ただけの人に売る」という、とんでもないムリゲーなのである。本来なら、視聴者が興味を持つはずがない。しかし、そんな状況にもかかわらず、バンバン売れてしまうのである。なぜなら、売るためのハードルは高くても、プレゼンターの能力が、その上を行くからだ。

　一方、学会の場合は、「わざわざ遠くからプレゼンを聞くために参加しているのだから、特に興味をひくための技術はいらないよね」とお考えの方も多いだろう。比較的少人数で専門家が集まる集会の場合は、確かにそのと

おり。しかし、大きな学会の場合、そうとは限らない。聴衆の多くは自分の分野以外の人であり、ほとんどの発表は、聞いても聞かなくても自分の研究には何の影響もない。そんな人は対象外だ、と思いたいところだが、そうはいかない。なぜなら、研究分野の宣伝や、研究者個人の就職や研究費獲得の可能性を上げるためには「分野外の大勢の人に聞いてもらい、興味を持ってもらうこと」が、極めて重要だからだ。だが、大きな学会は3〜4日間続き、ものすごくたくさんの講演がある。自分の研究と関係のない発表を、集中して聞き続けるのが困難なことは、想像に難くないであろう。

他のメディアとの競合

　テレビの通販番組にとって、もう1つの敵はチャンネル・コントローラーである。視聴者はテレビを観ている。当然、彼らの手にはチャンネルのコントローラーがあり、ちょっとでもつまらない、自分に関係がないと思われたら、容赦なく他の通販番組どころか、お昼のワイドショーか、（関西であれば）吉本新喜劇に変えられてしまうのだ。プレゼンターは、それらとの戦いにも勝たなければ商品を売ることはできないのである。

　学会発表の場合にも、最近は同様の危険がある。スマホとパソコンである。ネットの環境が使える会場では、か

なりの人が下を向いている。視線の先には、当然スマホかパソコンがあり、夕食のセッティングや待ち合わせのメールが飛び交っている。なかにはせっせと仕事をしている人までいる。マナー違反であると文句を言うこともできるが、そんなことをしても無駄である。聞く気になれない発表をするほうが悪いのだ。

髙田社長のプレゼンの極意

このような逆境の中、ジャパネットたかたは、髙田社長の口上一本で素晴らしい売り上げを記録し、有名企業にまで上り詰めた。どんな技が隠されているか、知りたいと思うのが人情です。そう思う人はもちろんたくさんいて、髙田社長や他の通販番組プレゼンターの話術が、いろいろなメディアで解説されている。それらの記事の多くは、いまひとつ掘り下げ方が足りず、満足できないのだが、紹介されている髙田社長のお言葉は極めて参考になる。筆者は、これまでに語られた髙田社長のインタビューを熟読し、そのうえで番組を観まくった結果、自分なりに、「髙田社長のプレゼンの極意」がつかめた気がするので、ぜひ皆さんとも共有したい。基本は、徹底的に視聴者目線に立つこと。そのうえで、視聴者に「共感」「信頼」「感動」の3つを感じ取ってもらうことだ。以下、その極意の紹介と、学会発表への応用法を解説する。

極意その1：対話により共感を成立させる

　共感とは、テレビの中と外という存在場所の違いを超えて、直接聞き手と会話が成立しているように感じてもらうことである。視聴者は、テレビに対しては簡単にそっぽを向けるが、自分に語りかけてくる人を無視することは難しい。テレビでは会話ができないじゃないかと思われるだろうが、そこはプロのプレゼンターである。疑似的に会話を成立させる仕組みをしっかり作り上げている。それは何かと言うと、プレゼンターの隣に「無駄に」たたずんでいる（ように見える）芸能人である。

　プレゼンターが商品の紹介をする。反射的に、視聴者の脳は警戒心を発動させ、「それは必要ないんじゃないかなぁ」「うそっぽいなぁ」「値段が高すぎるなぁ」などの言葉が浮かんでくる。だが、まさにそのタイミングで、同じことを隣の芸能人がコメントするのである。もちろん、プレゼンターは待ってましたとばかりに、用意された答えを返す。で、芸能人納得。視聴者も納得。基本はこの繰り返しだ。視聴者の頭の中に浮かんだ疑問を芸能人が言ってくれるので、疑似的会話が成立してしまう、という恐ろしい戦略である。これが繰り返されると、視聴者はしだいに自分を芸能人に重ねてしまい、さらには、疑問を持つこと自体を芸能人に委ねてしまうことになる。あとは、その芸能人が「購入すること」に納得してしまえば、商談成立となるわけだ。誠に素晴らしい戦略である。

　髙田社長クラスのスーパープレゼンターになると、もは
や芸能人を必要としない。常に視聴者に呼びかけながら、
商品の疑問に関しても、「○○○とご心配でしょう。でも
大丈夫。お任せください」とセルフ突っ込みで、視聴者
との疑似会話を成立させてしまうのである。恐るべし。

　この技術は、学会発表のプレゼンテーションや科学研究
費の申請などでも、十分に利用できる。特に、研究の目
的、意義を語るイントロのところではぜひ使いたい。例
えば筆者の場合、プレゼンの冒頭で、魚の縞模様の研究
であることを宣言する。そうすると、かなりの人の頭に
は「なんだよ、魚の模様かよ。そんなのどうでもいいだ
ろう」という考えが浮かぶ（最近はそうでもないが、10年前は
あからさまにそうだった）。そこで、すかさずセルフで「重要
じゃないと思うでしょう？」と突っ込み、続けて魚の模
様が面白い理由と、「さまざまな模様が、同一の原理でで
きること」をきちんと説明するのである。

　要は、学会の聴衆や査読者が疑問を感じそうなところ
で、セルフで突っ込み、それに回答をすればよいのであ
る。これを会場の前のほうにいる人の顔を見ながら行う
と、あなたが「納得の回答」をしたところで、何人かが、
うんうん、とうなずくのが見えるはず。これで共感が成
立する。あとは、その人を見ながら講演を続ければ、テ
ンポが生まれて、実に話しやすくなる。当然、聞くほう

も聞きやすくなるのである（この技は、使いすぎるとうざくなるので注意が必要です）。

極意その2：ディテールの積み重ねで信頼を得る

　さて、これで聞き手との間に共感が成立したが、それだけで商品が売れるほど、世の中甘くはない。クチコミの宣伝も、信頼できる相手からでなければ意味がない。どうしたら、信頼を勝ち取ることができるのか。髙田社長は言う。「誠実さです。」

　誠実さをアピールするのは、けっこう難しい。「私は誠実です！」と大声で叫んでいる人が誠実なわけがない。誠実さを伝えるのは、大げさなアピールやテクニックではなく、地味なディテールの積み重ねである。例えば、外見も大事な要素の1つ。あまりに金持ちそうだったり、やたらイケメンはそれだけでうさんくさい。ジャパネットたかたは有名企業であり、その創業者の髙田社長は間違いなく億万長者だろう。しかし、着ているスーツは、紳士服のチェーン店でイチキュッパで買えそうだし、ネクタイもあまり高級そうには見えない。おそらくこれらはすべて、もうけを捨てて、皆さんのために出血大サービスをしていることを、地味に伝えているのである。誠実さは、商品の特徴を正確に、わかりやすく伝えることでも、徐々に伝わる。特に、商品に関して懸念される点ももれなく伝えることで、イメージはアップする。

アフターケアや、不良品の交換情報がちゃんとしている
ことも重要だ。それらがきっちりしていることで、聞き
手は徐々に安心し、信頼を置くようになる。

　学会発表の場合も、基本は同じである。やたらすごそ
うな、こけおどしのイントロや、プロに作らせたアート
なイラストは、特に聴衆の心にアピールしない。イケメ
ンであることも、プラスにはならない（というか、なぜイケ
メンがサイエンスなんかやっているんだ？）。

　プレゼンで伝えるのは研究成果であるので、個々のス
ライドをわかりやすく、正確に伝えるのが一番良い。そ
の中でも、特に気をつけるべきはコントロール*1であ
る。正確なコントロールがしっかりと、見やすいところ
に提示されていると、この研究者は信用できると感じら
れるので、安心して発表を聞くことができる。逆に、き
ちんとしたコントロールを示していなかったり、あるい
は示していても、適切な位置にない発表は聞く気を失う。
統計データも、ちゃんと計算ソフトで出した標準誤差（あ
るいは標準偏差）がついていなければならない。手書きで
後から書き足すとか、しかもいい加減な数値の……なん

---

　*1　コントロール実験（対照実験）。科学研究において、実験結果が
　　調べたい条件や操作の結果を正確に反映しているかを判断するた
　　めの比較対象として、1つの条件のみを変更して、他は同じ条件で
　　行う実験のこと。

てとんでもない（以前に、捏造関係の報道でそんなのがあったが
……）。とにかく、しっかりしたデータを、手を抜かずに
伝える。それで誠実さは伝わるのでご安心ください。

極意その3：感動を伝える

　さて、3つ目の極意は「感動」である。共感して信頼して
も、感動がなければ、人は財布のひもをゆるめないのだ。感
動を伝えるにはどうするか。髙田社長のインタビューでは、
ビデオカメラを売ったときの例が紹介されている。通販番
組でビデオカメラを買う人は、複雑な電化製品に明るくな
い人が多い。だから、製品のスペックを数値で示したところ
で意味がない。髙田社長はそのビデオカメラにスローモー
ションで再生できる機能があることを見つけて、お年寄り
に対して、お孫さんの運動会での徒競走の場面を、拡大し
てつぶさに観られることを実演したのである。運動会は楽
しいが、一人ひとりの活躍の場面はほんの数秒しかないし、
観客席からは小さくしか見えない。せっかく応援に行った
のに……、と残念に思うおじいさん、おばあさんが多いと
考えたのだ。孫の走る姿をスローで、しかもアップで再生
できれば、はっきりと長い時間見られるうえに、アップな
ので陸上選手がテレビに映ったように見える。孫のそんな
姿を見たい、と多くのお年寄りが感じたようだ。放送の直
後、注文の電話が恐ろしいほど入ったとのことです。要す
るに、商品そのものではなく、その商品がもたらすであろ

う「感動」を提示することで、購入に結びつけるのである。

　研究発表の場合、聞き手はあくまでも聞き手であり、その実験を一緒にするわけではない。だから、その研究結果になかなか感動はしてくれない。だが、同じ研究者である。ちょっと工夫すれば、演者自身がその研究で味わった感動を、追体験してもらうことは可能である。
　普通の発表の流れでは、
　①まず実験のセッティングを説明する。
　②次に結果を示す。
　③その結果から推論により「背後にある仕組み」を推定する。
　という順番なる。
　しかしこの方法だと、1つうまくいかない点があるのだ。推論の理屈に、ついて来られない人がいる可能性がある。そこはうまく説明できると言いたいだろうが、分野違いの人を対象にした発表の場合、聞き手に100％の理解はまず望めない。この推論の部分が理解できないと、結論を示しても「？？？」となってしまう。人によって、70％や40％と理解の程度はまちまちだろうが、理解が十分でなければ感動は生まれない。それまでの話が無駄になってしまうのである。
　そこで、流れを以下のように少し変える。
　①まず、あなたの推定した仮説を伝え、それを証明する実験を提示する。

②次に、仮説が正しい場合の結果の予測を提示する。

③最後に「どうなったかと言いますと」とか言って、結果を見せる。

　順序が変わっただけだが、聞き手の印象はかなり違う。あらかじめ結果の予測を提示しているので、推論の部分の理解が不十分な聞き手にも、「この演者は予想を立てて、それを証明した」ということは伝わり、ちゃんと感動してもらえるのである。それに、この順序は実際に演者の研究の時系列と同じであるため、そのデータが出たときの演者の感動が伝わりやすい。「こんなデータが出てほしい」と願って、見事にそれが出たときの感動は、研究者なら誰しも味わったことのあるものだ。だから演者にとっても、この順序のほうが話しやすいという点も重要である。結果を提示する前に、実験のエピソードや苦労話などを入れ込むのもご自由に（ただし、わざとらしくなる可能性があるので、素人にはお勧めできない……）。

怒涛のがぶり寄り

　さあ、ここまで来ればゴールは近い。あとは、怒涛のがぶり寄りでダメ押しをすればよい。通販番組のダメ押しの方法は完全に様式化されている。まず、芸能人が心配そうに、「でも、これだけの物だったら、お高いんでしょう……？」と切り出す。

　そこで、超特価がど〜ん！

　さらに、本体よりも高価そうな付属品を無料でお付け
してどど〜〜ん！

　そのうえで、30分以内に電話した場合にのみ、さらな
る超超特価がどどど〜〜〜ん！

　である。「もうまいりました、買わせていただきます」
と言うしかないだろう。購入依頼の電話がじゃんじゃん
鳴るのは必然と言えよう。

　学会発表の場合、とどめは質問の受け答えであり、こ
れは講演の本体よりも重要な場合がある。なぜなら、講
演で語られる研究成果は、所属する研究室のものなので、
どの程度が演者の能力なのか測れないからだ。それぞれ
の質問に対し、ピンポイントで的確な回答をすると、演
者に対する評価は非常に高くなる。つまり、ここで「売
る」のは、研究の成果というよりも、あなた自身なのだ。
気合を入れて売り込みましょう。技はいろいろある。「そ
れは非常に良い質問です」という受け答えもその1つ。こ
れは裏に「その程度のことは、とっくに考えているぜ〜」
という意味がある。また間違っても、「その実験はまだ
やっていません」などと答えてはいけない。「ふふふ、そ
れはちょっとまだ言えませんね〜」が正解。で、帰った
ら急いでやるのだ。

　受け答え以外にも、あなたの能力の一端がうかがえる
付帯情報を、さりげなく混ぜるのもよいだろう。

「これ、ほぼ私1人の仕事ですが……」

「実は、装置も自分で作っておりまして……」

さらに、将来の研究構想まで語ってしまえば、「こいつはなかなかできる奴だ」と思ってもらえるはず。

これで、ミッションコンプリートである。お疲れ様でした。あとは講演依頼のメールがじゃんじゃん来るのを待つだけである。

おわりに

以上、ジャパネットたかたの髙田社長に学ぶ学会発表の極意について解説してきた。ここで、読者の頭の中の疑問にお答えしましょう。はい、私はあらゆるプレゼンで、この極意を使いまくっています。と申しますか、本書の文章のすべては、上記の技、特に共感を呼ぶための疑似対話の実用例です。

研究者だけでなく他のいろいろな職種でも、自分のアイデアを発表することはあるはずで、それは、それぞれの方にとって重要な機会であると思う。あなたのプレゼンテーションができるだけ多くの人の心に感動を与えることを祈って、このコラムを終えることにしよう。

グッドラック！！

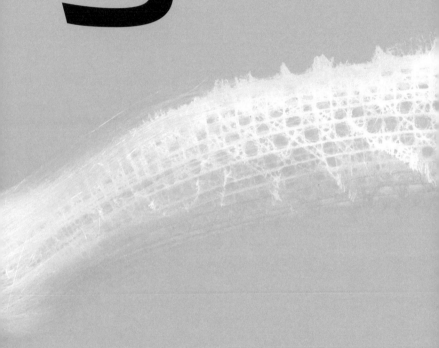

カイロウドウケツ

深海性のカイメンの一種。
円筒形の網状構造の骨格を形成し、
英語では「ビーナスの花かご」と
呼ばれる。

写真：ウフ

部品を
組み立てて作る
深海のスカイツリー

協力：船山典子 氏（京都大学理学研究科）

　前章の貝殻形成の話は、楽しんでいただけただろうか。貝が「意図的に」貝殻の形を作っているかどうか、証明できたわけではないが、読者の皆さんが学校で習った動物の発生の仕組みとは、ずいぶんと違うやり方であることは、納得していただけたと思う。

　さて、続くこの章では、まったく別の、しかし、これもまた驚愕すべき方法で生物の「形」が作られる例を紹介したい。

体を構成するグラスファイバーのかご

　まずは、図1の写真をご覧いただこう。カイロウドウケツと呼ばれるカイメンである。図1Aは骨格標本で、図1Bが生きているもの。円筒形の網状構造をしているので、英語圏では "ビーナスの花かご（Venus' flower basket）" と呼ばれるらしい。日本語名のカイロウドウケツは、漢字で書くと「偕老同穴」。筒の中に、エビの夫婦が仲良く共生しているのが見つかることから、夫婦円満の象徴であるとされており、結納の時の縁起物として、伝統的に使われていたとのこと。

　もっとも、カイロウドウケツの円筒はフタ付きなので、中に入ったエビが成長すると外に出られなくなり、（しかたなく）一生をそこで過ごすらしい。だから、本当にエビの夫婦が円満なのかどうかは、微妙。

　エビの夫婦仲はともかく、問題は、これがどうやって作られるのかである。まずは、その構造を観察していこう。全体的には中空の円筒で、横断面は真円に近い。長さは30〜50cm、筒の直径は5〜10cm程度。円筒は下から上に向かって、徐々に太くなっていくが、上端で、再び絞られて細くなるものもいる。

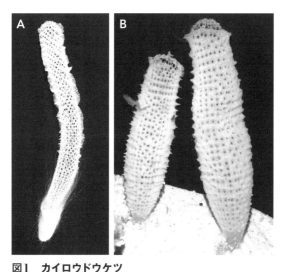

図1　カイロウドウケツ
A：骨格の標本写真。B：生体写真。写真提供：国営沖縄記念公園
（海洋博公園）・沖縄美ら海水族館

ルーペで拡大して見ると、このかごが何でできているのかがわかる（図2A）。筒全体を構成しているのは、細いファイバーを束ねたもので、このファイバーはガラス繊維である。そう、繊維強化プラスチック（FRP）に使われるグラスファイバーのようなものなのだ。ファイバーの束の配置は、非常に規則的だ（図2B）。筒の内側では、縦横に走るファイ

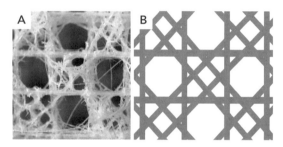

図2　カイロウドウケツの骨格に見られる
**　　　グラスファイバーの格子構造と、斜め方向の補強構造**

A：骨格の拡大写真。B：正方格子に斜め方向の補強構造を重ねた模式図。

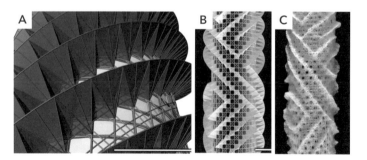

図3　カイロウドウケツの螺旋状の突出構造

螺旋状の突出構造の模式図（**A**、**B**）とカイロウドウケツの写真（**C**）。
Weaver JC, et al: J Struct Biol (2007) 158: 93-106 より改変。

バーが直交し、約 3mm の碁盤の目のような格子を作って
いる。これが、基本構造である。それより外側には、右斜
め 45 度と左斜め 45 度に傾いて走る第二の直交するファイ
バーの束が、こちらも一定の間隔で並んでいる。さらに、筒
の上部には、円筒から垂直に突出する壁状の帯がある(図3)。
帯の高さはほぼ一定で、2mm 程度。円筒を斜め 45 度の角
度で回る。

　以上が骨格の概観だが、生きているカイロウドウケツを
見ても、骨以外の、細胞組織による大きな構造は見当たら
ない。細胞はあるが、骨組みを覆っているだけだ。だから、
細胞組織が独自の構造を持っており、それが骨組みを作っ
ているという感じではない。むしろ、作り物のかごに細胞
が張り付いている、という感じである。

　あらためて図 3 の模式図を見ると、カイロウドウケツの
骨格はとても人工物っぽい。材質がガラスで、直線と直交
の規則的な繰り返し構造となると、人が意図的に作ったの
では？と疑いたくなるくらいだ。生物の形態形成と言えば、
中学・高校の教科書で「ウニの発生」とか「両生類の発生」
の例で習ったように、細胞が分裂・移動し、積み重なって、
「形」ができ上がるのがふつうである。だが、ガラスの編み
かごに細胞が張り付いている、なんていう構造は聞いたこ
とがない。せめて、何か似た形の生物はいないだろうか。

スカイツリーに似ている？

　生物でなくてもよいというのなら、とてもよく似たもの

が東京に立っている。スカイツリーである（図4）。円筒の網状構造で、メインの鉄骨が等間隔で交差し、さらに、強度を増すため、斜めの鉄骨が組み合わせてある。実によく似ている。だが、スカイツリーは人工の建造物で、カイロウドウケツは生物である。最終形態が似ていても、作り方はまったく異なるはず……と誰もが思う。ところが、アメリカのJames C. Weaver博士らのグループが走査型電子顕微鏡を使って詳しく調べてみると、意外なことがわかった。カイロウドウケツの構造は、細胞集団が分裂したり移動したりして「形」を作っていくのではなく、規格サイズの部品を組み上げて作る現代建築に近かったのである。以下、その建築法を解説しよう。

ガラスでできている

　まず、「なんでガラス（二酸化ケイ素）なんだ？ そんな材質、生物らしくないぞ」と感じる人がいるかもしれないが、ガ

図4　東京スカイツリー®（A）と周囲を取り巻く鉄骨のパターン（B）

ラス質は、さまざまな生物において使われているメジャーな物質である。なにしろ「石」の成分の大半がケイ素なのだから、材料はどこでも、いくらでも手に入る。海中にも地中にもたっぷりあり、使っても減らない。しかも、十分に硬いので、体の骨組みを作るのに適している。ケイ素の有効利用として、最も有名なのは植物プランクトンの珪藻類。珪藻の一種を電子顕微鏡で見ると図5Aのような形をしており、穴の開いたガラス質の殻が観察できる。また、海洋性のプランクトンでは、放散虫の摩訶不思議な骨格（図5B）も、二酸化ケイ素でできている。そして、ガラス組織を含む代表的な動物が、海綿動物である。カイメンは、さまざまな形の骨片を体内に持っている。骨片の成分は、カイメンの種によって異なるが、硬質カイメンと呼ばれている一群では、その成分は二酸化ケイ素、つまりガラスなのだ。

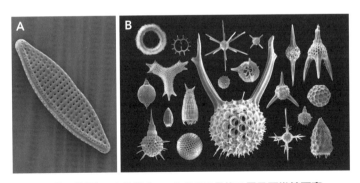

図5　珪藻の仲間（A）と放散虫（B）のガラス骨格の電子顕微鏡写真
Aはフランシス・クリック研究所 吉村安寿弥氏、Bは新潟大学 松岡篤氏のご厚意による。

骨片は特定の形状を持つ規格部品

カイメンの骨片には、図6Aの写真のように、いろいろな形がある。骨片のサイズはどれも1cm以下なので、これらの形が直接、カイメンの外形に現れることはない。だから「骨」ではなく、「骨片」なのである。カイロウドウケツの場合は図6B、Cの写真に示すように、2本の直線状骨片がクロスしている4放射型だ。クロスした2本のうちの1本が、交差している場所で、少し折れ曲がっている。あとで説明するが、このことは円筒状の構造を作る際のカギになるので、覚えておいてほしい。重要なのは、この骨片が

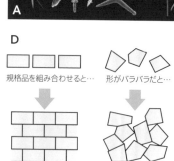

規格品を組み合わせると…　形がバラバラだと…

図6　カイメンの骨片

A：さまざまな形のカイメンの骨片。複雑な形をした骨片のほとんどは基本骨格には用いられない骨片である。Van Soest RWM, et al: PLoS One (2012) 7: e35105 より転載。
B、C：カイロウドウケツの骨片。Weaver JC, et al: J Struct Biol (2007) 158: 93-106 より転載。**D**：部品にばらつきがあると、製品の形が歪んでしまう。

「規格品」、つまり、大きさ・太さ・形が同じだということである。そうでなくてはならない。なぜなら、部品にばらつきがあると、製品の形がゆがんでしまうからだ（図6D）。

骨片の接合

　骨片は小さいので、カイメンの骨格構造を作るためには、それらを接合する必要がある。その接合のやり方が面白い。Weaver博士らのグループが、電子顕微鏡写真から推測したところによると、重なり合った2本の骨片の周囲に、新たにぐるぐるとガラスを積層して一体化するのである（図7A、B）。2本の棒のオーバーラップ部分を、ガムテープでぐるぐる巻きにして固定する要領である（図7C）。いや、同じ材質で

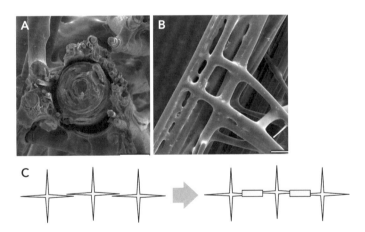

図7　カイロウドウケツの骨片同士の「溶接」部

A、B：「溶接」部の電子顕微鏡写真。Aは断面。Weaver JC, et al: J Struct Biol (2007) 158: 93-106より転載。C：「溶接」部の模式図。

やるのだから「溶接」と言ったほうがよいかもしれない。この溶接作業が完成すると、別々だった骨片が1本のグラスファイバーになる。

骨片をつないでリングを作る

　ここで、先ほどお話しした「4放射骨片」の角度のことを思い出していただきたい。折れ曲がったほうの骨片の先端を水平に、直線のほうを上下方向にそろえて角度を合わせ、その先端をつないでいくとどうなるか？ そのとおり、骨片の折れ曲がりがあるため、つないだものは直線状にはならず、王冠のようなリングを作るはず（図8）。実は、このリングが、カイロウドウケツの骨組みの基本単位なのである。

リングを積み重ねて塔を作る

　図9A～Cは、基本単位であるリングと、塔形成の関係を示す模式図である。円筒は、リングを重ねて筒状になったものである。連続するリングの針は、ご丁寧に、位相をずらして重ねてあり、2つ上、あるいは2つ下の針がぴったり重なるようになっている。また、格子の内と外にもちゃん

図8　折れ曲がった骨片をつなぐことによるリングの形成
同じ角度で折れ曲がった骨片の先端を水平につないでいくと、リングの円周ができていく。

と配慮してあり、全体として強度が増すように、組み合わされている（図9D、E）。上下に重なった針は、その後、接合されて上下方向に走る長いグラスファイバーとなる（図9C）。

　この構造を見て、どう思われるだろうか？　筆者には、建設中のビルの鉄骨組みか、コンクリートを注ぐ前の鉄筋組みにしか見えないのだが……。

塔の直径の調節法

　リングの径を調節する方法がまたユニークだ。カイロウドウ

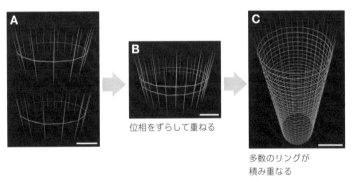

位相をずらして重ねる

多数のリングが
積み重なる

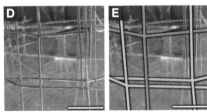

前後関係もきちんと配慮して、全体の剛性を上げる

図9　カイロウドウケツの基本構造
Weaver JC, et al: J Struct Biol (2007) 158: 93-106 より改変。

ケツの筒の半径は、底の方はやや小さく、上に行くに従って少しずつ大きくなっている。どうやって半径を変化させるのか？

　普通に考えると、①「1周に使用する骨片の数を変えず、骨片の大きさを変える」という方法と、②「骨片の大きさを変えず、1周に使用する骨片の数を変える」という方法の2択だが、答えは、そのどちらでもない。カイロウドウケツは、接合するときに重なり合う部分の長さを調整することで、径の大きさを変化させるのである。図10のように、同じ大きさ・数の骨片を使っても、重ね合わせが大きいと半径は短くなり、重ね合わせが小さいと長くなる。

　同じ部品を使って、任意の大きさのリングが作れるので、なかなか賢いやり方である。この現場監督は、デキる仕事人であるに違いない。

　以上が、電子顕微鏡解析からわかったカイロウドウケツ

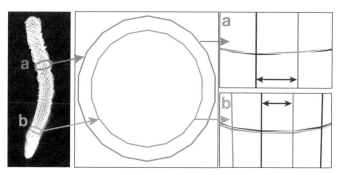

図10　骨片の重なり部分の調節による筒径の変化
a：筒径の大きい部分。b：筒径の小さい部分。筒径の大きい部分では、筒径の小さい部分に比べて隣り合う骨片同士の重ね合わせが少ない。
Weaver JC, et al: J Struct Biol (2007) 158: 93-106 より改変。

の基本構造である。正確に製造された規格部品を、正しい位置に正しい角度で配置し、それを接合することで、全体の構造を組み上げていく。スカイツリーでは、決められたサイズ・形状の鉄骨を工場で製造し、トラックで現場に運び、クレーンで正しい位置に配置し、溶接することで塔構造を作るが、カイロウドウケツがやっていることも、基本的にそれと同じようなことなのだ。

誰がこんな複雑な作業をするのだ？

この論文を読んだ直後は、カイメンすげぇ〜〜、と驚いたのだが、しばらくすると、ありえね〜、ことに気がつく。いったい誰が、こんな複雑な組み立て作業をするのだ？ もちろん、細胞がやるしかない。しかし、通常、細胞のやれることといったら、分裂したり、変形したり、移動したり、何かを分泌したり、という程度であり、材料を一定のルールで並べて組み立てるなんて、聞いたことがない。しかも、構造を見る限り、部品の位置や角度がちょっと違うだけで、形はめちゃくちゃになるので、組み立てには高い精度が求められる。細胞にそんなことができるのか？ ましてや、カイロウドウケツは脊椎動物などと比べれば、極めて原始的なカイメン動物である。そんなすごい働きをする細胞がいるなんて、信じられない。だから、Weaver 博士らの結論は、間違っているのでは……？ いやいや、でも実際に構造は組み立て式になっているし……。

カイメン細胞の「作業」を観察できれば、この問題は解決

するのだが、カイロウドウケツは深海性のカイメンなので、現時点では、実験室での観察は無理である。これは、永遠の謎になるかなぁ……と思っていたころ（2014 年）に、このカイメン研究に大きな進歩があった。京都大学の船山典子さんのグループが、カワカイメンという淡水産のカイメンを使い、一連の「建設作業員細胞」の働きをはっきりとした形でとらえることに成功したのである。

■ カワカイメンの体の構造

　カワカイメンの骨片はカイロウドウケツと同様にガラス製であるが、形はもっとシンプルで、両端のとがった針のような形である（図11A）。個体内で、骨片の長さ・太さがだいたい均一であることはカイロウドウケツと同じだ（成長して大きくなった個体では、骨片も大きくなるらしい）。

　カワカイメンは、受精卵から始まる有性生殖の他に、いろいろな細胞になる能力のある「幹細胞」から個体を形成する無性生殖も行う。無性生殖からの体づくりは、数千個の

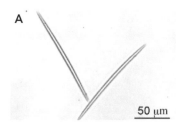
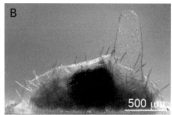

50 μm

500 μm

図11　カワカイメンの骨片（A）と生体写真（B）
写真は船山典子氏のご厚意による。

幹細胞が入っている「芽球」から始まる (図12ステージ1)。芽球は、高低温、乾燥などに耐性があるコラーゲンの殻を持つため、中の細胞は、本体のカイメンがシビアな環境で死滅しても、生き続ける。環境条件が再びよくなれば、殻に孔を開けてはい出してきて、1から体を作り直すのだ。出てきた細胞は、まず細胞のシートを作り、体の表面に袋状の上皮組織を形成する (図12ステージ2)。この時点では、柱がないので、芽球で盛り上がっている部分以外の厚みは、ほとんどない。次に、このぺしゃんこな袋状構造の中で、細胞が分裂・分化し、水管系という網目状の組織を作る。カイメンはこの水管

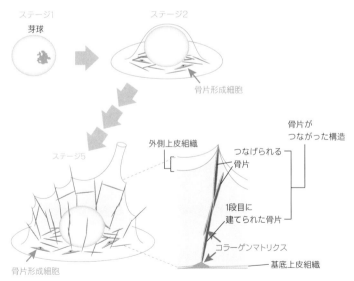

図12　カワカイメンの成長
Nakayama S, et al: Curr Biol (2015) 25: 2549-2554 より改変。

系で水中の有機物を濾し取って栄養をとるので、袋全体のボリュームが大きいほうが望ましい。ペシャンコでは、よろしくないのだ。そこで骨片の登場である。骨片をつなぎ合わせたものを、まるでテントのポールのように使って、上皮組織（単純に1枚の細胞シートというわけではないらしい）を持ち上げ、体内空間が確保されている（図12 ステージ5）。

カイロウドウケツよりはかなり単純だが、骨片の役割も明確だし、ガラス質の規格構造があることも同じだ。しかも、実験室で飼えるので、分子生物学の技術を駆使すれば、1つ1つの細胞がどんな働きをするかまで、観察することが可能である。以下、船山さんたちの論文の概要を紹介する。

ガラス骨片の製造

芽球からの個体発生の初期、まだ体の厚みがあまりない時期に、最初に登場するのは、柱製造職人の骨片形成細胞である（図13A）。骨片形成細胞は、ガラス質の形成に必要な遺伝子を働かせて、ガラス結晶を細胞内で成長させる。その結晶が成長して、ある一定の大きさになると、骨片のできあがりで、骨片形成細胞の役割は終わる。骨片形成細胞は柱を作ることしかしないので、後の作業には関知しない。船山さんたちは、骨片を蛍光で光らせる手法を使い、その後の柱が、どのように建築作業に使われるかを、継時的に観察した。すると、予想外なことに、骨片は作られた場所ではなく、柱が建てられる位置まで、けっこう長い道のりを運搬されていくことがわかった。

柱の運搬細胞

いったい、誰が柱を運んでいるのだろう？ 船山さんたち
は、運び屋である運搬細胞を同定することに成功した（図
13B）。運搬細胞は 8 個くらい集まって、完成した骨片の中
央付近に結合し、そのあと、まだポールが立っていないつ
ぶれたテントのような体の中をうろうろ動き回る。

図 14 は、骨片の動きの軌跡であるが、この運搬作業は

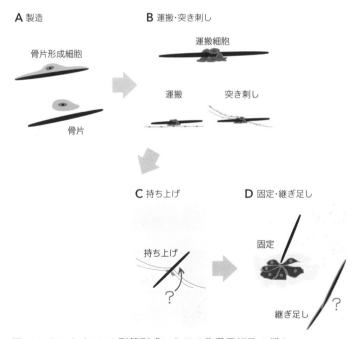

図13 カワカイメンの形態形成における作業員細胞の働き
Nakayama S, et al: Curr Biol (2015) 25: 2549-2554 より改変。

けっこう長く続き、わざわざ反対側に行ってから戻ってきて、結局、製造場所の近くに立てられる骨片もある。どうも、この運搬作業員たちは、どこに運べという指示は受けていないようだ。にもかかわらず、最終的に柱（骨片）が立てられる位置は、だいたい等間隔になっていることが多い。つまり、何らかの方法で隣との距離を測り、近いところに柱を2本立てるという無駄を避けているようなのである。

　さて、次はいよいよ、柱を立てる作業だが、ここからが、作業員の腕の見せどころである。

　場所が決まると、運搬細胞は、骨片を上皮組織に突き刺す（図15B）。骨片の中央付近に結合している運搬細胞のところまで、深く突き刺すのである。テントが破れてしまうのでは？

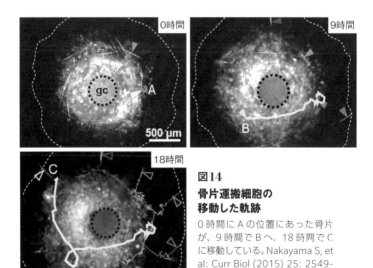

図14
**骨片運搬細胞の
移動した軌跡**

0時間にAの位置にあった骨片が、9時間でBへ、18時間でCに移動している。Nakayama S, et al: Curr Biol (2015) 25: 2549-2554 より改変。

と心配になるが、大丈夫。実は、このカイメンテントの膜は二重構造になっているうえに、突き刺すスピードがゆっくりなので、上皮組織の細胞シートは破れないのだ。

ポールの直立

　この時点まで、骨片は底面と平行で、完全に「寝た」状態である。次に、刺さった骨片の先端(体の外側に飛び出したほう)がゆっくりと少し「持ち上がった」状態になる。ポールが立つと、テントの空間が広げられるから、かなりの力が発生しているはずだが、この工程がどうやって起きるのかに関しては、詳しいことはわかっていない(図15C)。作業員が誰なのかも不明だが、骨片形成細胞でも、運搬細胞でもない別の作業員であると予想されている。次に、カイメンの底面を構成する基底上皮細胞が、立った骨片の根元を固定する(図15D)。骨片の近くにいる基底上皮細胞が、短鎖型コラーゲンを産生し、大量のコラーゲンを接着剤のように使って柱の根元をがっちりと固めるのだ。これで柱はしっ

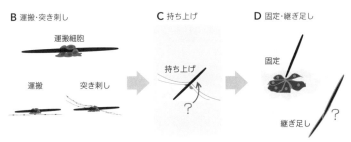

図15　図13より再掲
Nakayama S, et al: Curr Biol (2015) 25: 2549-2554 より改変。

かり立ったことになる。さらに、骨片の中央付近に結合している運搬細胞のところまで刺さっていた上皮組織が、骨片の先端に移動する。これで、テントのシートがポールの先端まで持ち上げられ、広い内部空間ができる（この作業を行う細胞も、まだ特定されていない）。

ポールの継ぎ足し・延長

以上で一応テントは完成し、ある程度快適な内部空間が生まれる。家族のためにテントを張り終えたお父さんなら、ここでビールを1杯となるところだが、カイメン工務店の作業員たちは休まないのである。新たに作られた骨片が、今度はカイメンの体内を覆う上皮の内面を移動してきて、すでに立っているポールの先端近くで、上皮に突き刺される（図16）。古いポールに継ぎ足される形で、さらなる内部空間の拡大が行われるのだ。

さらに別の流れ作業も……

テントを立てるこれらのプロセスが、あまりにも建築現場の作業に似ているのでびっくりするが、さらに驚くことがある。柱を立てる作業員チームとは別に、壁を作る左官職人チームも同時に現場で作業をしていることが最近わかった。左官チームが作っているのは芽球の膜である。図17のような骨片（芽球骨片）が、芽球の表面に沿ってびっしり並ぶことで、芽球の物理的な剛性が保たれる。

船山さんらは、この芽球骨片に関しても、通常の骨片と

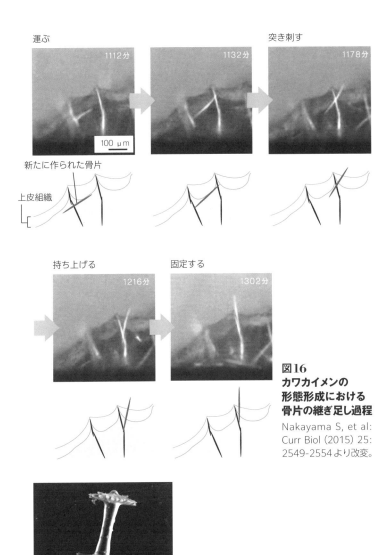

運ぶ　突き刺す

1112分　1132分　1178分

100 μm

新たに作られた骨片

上皮組織

持ち上げる　固定する

1216分　1302分

図16
カワカイメンの
形態形成における
骨片の継ぎ足し過程
Nakayama S, et al:
Curr Biol (2015) 25:
2549-2554より改変。

図17　芽球の膜をつくる骨片
写真は船山典子氏のご厚意による。

10 μm

は別の作業員チームが存在し、製造、運搬、配置を完全な分担作業でやっていることを発見している。

　いやはや、おそるべしカイメン細胞！ としか、言いようがない。

▎組み体操と建築作業

　このように、カワカイメンの形態形成は、これまで我々が知っていた生物の形態形成原理とは、まるで異なる。部品の製造、運搬、組み立てが、別々の細胞による分業体制で行われ、まるで建築作業のようなのだ。カワカイメンの細胞が作業する様子を見れば、カイロウドウケツのほうも、おおかた想像がつく。おそらく骨片の製造は1つ、あるいは2つの骨片形成細胞の組み合わせで行われ、その後、運搬細胞が正確な位置に配置し、接合細胞が「溶接」していくのだろう。実際、そのような分担作業がカワカイメンで行われているのだから、もう、ありえね〜〜とは思わないが、驚異的であることは変わらない。すべての工程は、「簡単な刺激と細胞挙動の連鎖」で説明できるはずだが、目も手も脳もない細胞が、ここまでできるというのは、ちょっと感動的である。

　カイメンの形づくりで、普通の生物と一番違うのは、最終形態への「細胞」の関わり方である。カエルやウニの発生を思い出してほしい。本章の冒頭でも少し触れたが、通常の生物の最終形態は、細胞集団が積み重なったものであ

る。細胞が、自らを建築資材として積み上がり、生物の形を作っているのだ。言うなれば、運動会の組み体操のようなものである（図18A）。

　一方、カイメンの場合、細胞自身は建築資材ではなく、あくまでも作業員であり、部品を組み立ててできた作品自体は、生きていない（図18B）。ガラスという、細胞よりもはるかに剛性が高い材質の部品を組み立てて作るので、大きな構造を維持することが可能なのだ。組み体操でスカイツリーはできないが、鉄骨を組み合わせれば、できるように。

　なんだか、図18を見ると、カイメン方式のほうが、高度な原理ではないかという気がする。カイメンをなめてはいけなかったのだ。発生原理からすると、カイメンこそ、最も進化した生物という気がしてくる（図19）。

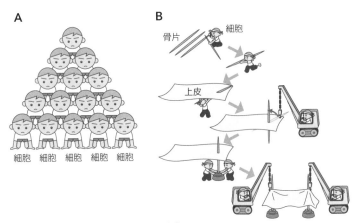

**図18　「組み体操」方式の形態形成(A)と
　　　　「工務店」方式の形態形成(B)のイメージ**

図19　エルンスト・ヘッケルの描いたカイメンの仲間
右下にカイロウドウケツが描かれている。

もちろん、この方式にもデメリットはある。ガラスの溶接でできた骨格構造は、軽くて丈夫だが、継ぎ足していくことはできても、体の形を保ったまま大きくなっていくことは、原理的にできない。おそらく、このことが高等生物がこの方法を採用していない理由なのだろう。

だが、高等生物にも、細胞の剛性では支えきれない大きな構造を維持する必要はある。発生初期の小さなうちは組み体操方式でよくても、大きくなると、それではつぶれてしまう。そのために高等生物が発明したのが「骨格」ということになるのだろう。

考えてみれば、無脊椎動物の外骨格（クチクラ）、脊椎動物の骨（リン酸カルシウム）、植物の細胞壁は、すべて、細胞外に分泌された物質が結晶化したもので、細胞そのものではない。そう考えると、材質は異なるが、やっていることはカイメンと似ているのかもしれない。

だとすれば、カイメンと似たような作業員細胞が、我々の体の中でも働いていても、不思議ではないのである。

（次章に続きます。）

謝辞　本章の執筆にあたっては、船山典子氏（京都大学大学院理学研究科）にご協力いただきました。

参考文献　1）Weaver JC, et al: J Struct Biol (2007) 158: 93-106
2）Van Soest RWM, et al: PLoS One (2012) 7: e35105
3）Nakayama S, et al: Curr Biol (2015) 25: 2549-2554

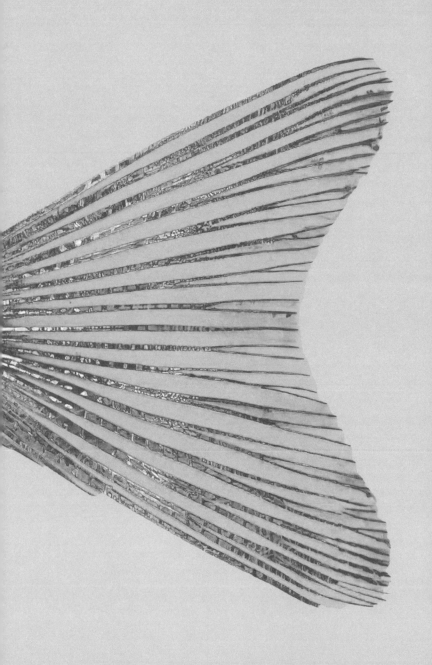

CHAPTER

6

ゼブラフィッシュ

コイ目コイ科。
体長5cmほどの小型魚で、
体表に縞模様がある。
生物学研究のモデル生物として
飼育される。

魚のヒレも組み立て作業で作られる?

工務店方式はカイメンだけ?

　前章では、カイメンの細胞が、まるで建築会社の作業員のように働いて、カイメンの体を作る様子を見ていただいた。分担作業で建築資材を作り、運び、組み立てるのであるから、まさに建築である。まさか、カイメンのような原始的な生き物の中で、こんなに高度な作業が行われていようとは……。これまで、我々が研究・理解してきた形態形成の原理は、一言で言うと、「細胞自身が増えて、変形して、積み重なって体の形を作る」というものである。細胞が部品を作って組み立てて、体の形を作るなんて、まったくの想定外だ。カイメンの話を初めて聞いた時には、筆者も椅子から転げ落ちるくらい驚いた。読者の皆さんも、驚いたでしょう。カイメン細胞、すごすぎる。

　しかし、である。たしかにカイメンはすごいのだが、何か腑に落ちないものを感じないだろうか? カイメンは、非常に原始的な生物であり、体の構造も高等動物と比較すると、はるかに単純だ。にもかかわらず、体づくりの仕組みが、他の高等動物よりも高度というのは、どうも腑に落ちない。高等動物は、原始的な動物から進化してきたのである。原始的な生物が持つ仕組は、高等動物なら当然持っ

ているはずだ。だから、他の生物種でも、同じ仕組みが存在しないとおかしいのである。

　そもそも、カイメンが骨片を使うことのメリットとは何だろう。それは、我々がテントを立てる時に、硬いアルミのポールを使うのと同じである。アルミのポールは剛性が高いので、テントシートを、高くしっかりと持ち上げることができる。カイメンは、内部空間を確保するために、外側の細胞層を高く持ち上げる必要がある。そのためには、剛性の高い棒状構造が必要だ。細胞を直線状に並べても、ポールの代わりにはならない。細胞は、薄い膜に包まれたゼリー状(固体と液体の中間)の物体である。物理的な「堅さ」を身近なもので例えると、大福もちとか団子のイメージに近い。団子を積み上げてポールの代わりにするのは、いくらなんでも無理だろう。

　高等生物の成体は大きいので、体を支えるのに十分な剛性を確保しなければならず、単に細胞を積み上げるだけではダメなのである。もちろん、発生のごく初期なら、サイズが小さい(しかも水に浮いている状態である)から、問題は起きない。例えば、ヒトやマウスの胞胚は、1層の細胞が作る直径 0.1 〜 0.2mm 程度のゴムまりのような構造だが、この大きさなら細胞の持つ小さい剛性でも十分に保持できる。月見団子だって、数が少なければピラミッドを作ることができる(図1)。

図1　月見団子のピラミッド

しかし、100万個の団子でピラミッドを作れば、間違いなく、自重でつぶれてしまう。胞胚も、直径10cmの大きさにもなれば、重力に対抗して球形を保つのは明らかに無理である（図2）。

　だから、大きな体を作るには、剛性の高い建築資材で補強しなくてはならない。考えてみると、脊椎動物で、カイメンの骨片の役割をしているのが「骨」である。骨は、細胞そのものではなく、骨芽細胞が分泌して作ったコンクリートのような構造体である。固まれば、大きな構造の支持体としては理想的だ。しかし、骨が正しく機能するためには、それをあるべき形状に成形する必要がある。骨は細胞よりもはるかに大きい。どうやったら、小さな細胞にそれができるのだろう？

カイメンの骨片とそっくりな棒が魚にあった！

　本物の鉄筋コンクリート建築の場合、コンクリートを成

図2　細胞の剛性では、体のサイズが大きくなると形を保つのは難しい
胞胚の直径が小さければ細胞の剛性でも形を保てるが（**A**）、直径が大きくなるに従って重力に対抗して球形を保つことは難しくなる（**B**）。

形する際には、鉄筋と型枠が必要である。骨の場合に、その役割をするのは何か？……といろいろ探していたら、驚いたことに、なんだかそれらしいものが見つかってしまったのである。

　図3を見ていただきたい。ゼブラフィッシュという魚のヒレの先端部の拡大写真である。一番先端には骨はないが、何やら細い直線状のものが、放射状に並んでいるのが見える。直線構造で、両端がとがっており、カイメンの骨片とそっくりである。大きさもほぼ同じだ。これはアクチノトリキアというコラーゲンの結晶体なのである。もちろん、細胞よりも剛性ははるかに高い。

　アクチノトリキアは、最初、稚魚の尾部に放射状に並び、ヒレの先端に張力を与えている。ヒレは細胞の薄い膜である。心棒がなければ、ふにゃふにゃに縮こまり、ヒレの役目をはたさない。

　アクチノトリキアは、成長するヒレの先端に、扇型にき

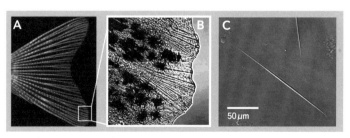

図3　魚のヒレの先端部に存在するアクチノトリキア
A：ゼブラフィッシュの尾ビレ。B：Aの拡大写真。細い直線状のアクチノトリキアが、放射状に並んでいる。C：1本のアクチノトリキア。

れいに並んで存在する（図4）。面白いことに、扇型の中心（要）の部分に骨成分が分泌され、骨が作られる。棒状のアクチノトリキアを足場にしてカルシウムを固めるわけだから、ちょっと、鉄筋コンクリート建築に似ているのである。骨が作られる位置を決めているのは、アクチノトリキアの配置であり、骨が直線状になるのも、足場となるアクチノトリキアが直線構造だからである。

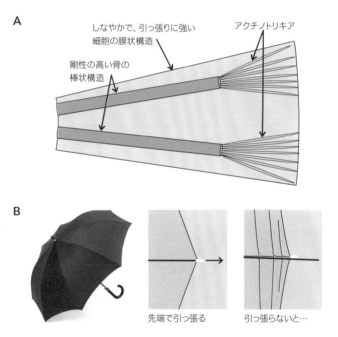

図4　ヒレ骨が成長する際のアクチノトリキアの役割
A：尾ヒレが成長する際、アクチノトリキアがヒレの先端に扇型に並び、その中心部分に骨が作られる。**B**：洋傘では、傘の骨の先端が生地の部分を引っ張ることで、生地がピンと張った状態を保てる。アクチノトリキアも傘の骨と同じような働きをしている。

アクチノトリキアの役割は?

　アクチノトリキアの機能をもっとよく調べるために、ゼブラフィッシュで、アクチノトリキアがきれいに整列しない突然変異体を作ってみた。すると、その変異体では、ヒレの先端が縮こまってしまうことがわかった。そうなる理由は、図5の通りである。正常な個体では、アクチノトリキアが隙間なく整列することで、背腹方向に張力を生んでいる。この上下に引っ張る力がないと、ヒレの先端が丸まってしまい、ヒレが伸びないのである。アクチノトリキアは、見事に、剛性を担保する建築資材として、働いているのである。

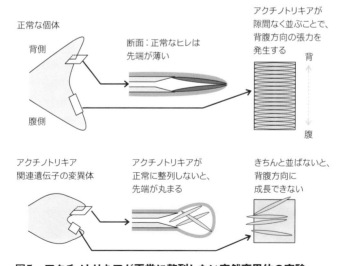

図5　アクチノトリキアが正常に整列しない突然変異体の実験
アクチノトリキアが正常に整列しないゼブラフィッシュの突然変異体では、ヒレの先端が縮こまった形に丸まってしまう。

作業員は誰だ?

アクチノトリキアは細胞ではないので、自分では動けない。建築現場の作業であれば、鉄筋はメーカーから購入して、トラックで運ばれてくる。カイメンの場合は、骨片形成細胞が作り、輸送細胞が運び、さらに別の細胞が柱を立てる。アクチノトリキアの場合、この作業をいったい誰がやっているのだろう。

動かないカイメンと違って魚は止めて観察できないので、それを調べるには、別の方法が必要である。ヒレを構成する主な細胞は、表皮細胞、基底上皮細胞、間葉系細胞、骨芽細胞の4種類。そこで、ゼブラフィッシュからそれぞれの細胞を取り出して、培養皿で観察してみた。すると、運よく基底上皮細胞が、細胞の中でアクチノトリキアを作製しているところを観察することができた(図6)。つまり、この

培養直後　　　　　3日後

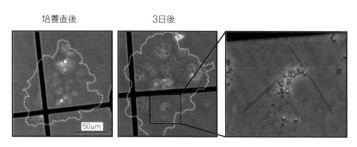

50μm

図6　アクチノトリキアを産生する基底上皮細胞
ゼノフィッシュのヒレを構成する主な細胞を取り出して培養したところ、基底上皮細胞の細胞内でアクチノトリキアが産生されている様子が観察できた。Kuroda J, et al: Mech Dev (2018) 153: 54-63 より改変。

細胞が、材料を作る役割の細胞である。カイメンと同じように、単独のアクチノトリキア産生細胞が見つかったのである。では次に、アクチノトリキアを整列させるのは、どの細胞だろう。今度は間葉系細胞に狙いをつけて、アクチノトリキアとの関係を調べてみた。まず、走査型電子顕微鏡の連続写真から細胞とアクチノトリキアの位置関係を調べた。すると、1個の間葉系細胞が、複数のアクチノトリキアを包むように取り囲んでいるのがわかった(図7)。

　うむ、これは「何か」やっていそうだ。その「何か」を知るために、間葉系細胞とアクチノトリキアを、培養皿で一緒に培養(共培養)してみたところ、予想通り、この細胞は、複数のアクチノトリキアに巻き付きながら、それらを整列させる様子が観察されたのである(図8)。

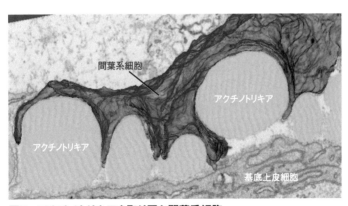

図7　アクチノトリキアを取り囲む間葉系細胞
Kuroda J, et al: Front Cell Dev Biol (2020) 8: 580520 より改変。

これで、製造と整列の役割をこなす作業員細胞を特定できた。3人目の作業員は、アクチノトリキアの根元付近をコンクリート（骨成分）で固める役目であるが、それは細胞の性質からして骨を作る骨芽細胞であることが予想できる。

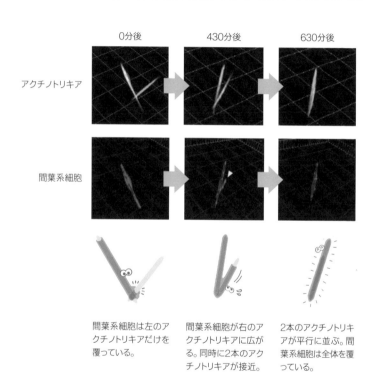

0分後　　　　430分後　　　　630分後

アクチノトリキア

間葉系細胞

間葉系細胞は左のア
クチノトリキアだけを
覆っている。

間葉系細胞が右のア
クチノトリキアに広が
る。同時に2本のアク
チノトリキアが接近。

2本のアクチノトリキ
アが平行に並ぶ。間
葉系細胞は全体を覆
っている。

図8　間葉系細胞がアクチノトリキアを整列させていた！
アクチノトリキアと間葉系細胞を共培養したところ。上段の写真ではアクチノトリキア、中段の写真では間葉系細胞だけが見えるようになっている。間葉系細胞はまず左のアクチノトリキアを覆い（0分後）、その後に右のアクチノトリキアにも広がって（430分後）、最終的に2本のアクチノトリキアを平行に並ばせた（630分後）。Kuroda J, et al: Front Cell Dev Biol (2020) 8: 580520 より改変。

骨芽細胞の分布を見ると、予想通り、放射状に広がったアクチノトリキアの根元部分に局在しており（図9）、まさにこの部分で骨化作業をしているのがわかる。

工務店方式は基本的な形態形成原理かもしれない

上記のように、カイメンと同じような、建築資材を使った分業体制による形作りは、少なくとも魚のヒレには存在するようだ。だとすれば、似たような原理が、もっといろいろな場所で働いていてもよいと思うのだが、そのような報告は、筆者の知る限りされていない。なぜ、アクチノトリキアの例以外に、見つからないのだろうか？確証はないが、その原因は、コラーゲン繊維が「見えない」からではないかと思う。

アクチノトリキアも、コラーゲンの重合体である。しかし、アクチノトリキアの場合、その構造の特殊性のため、拡

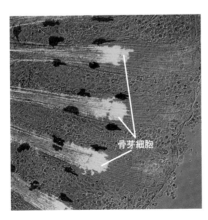

骨芽細胞

図9
アクチノトリキアの
根元部分に集まる骨芽細胞

透明の筋のように見えるアクチノトリキアの配列に沿って、緑色に見える骨芽細胞が集まっている。

大すれば容易に「見える」のだ。また、透明で薄いヒレの先端に存在することも、「見える」ことを助けている。アクチノトリキアの束のところに骨ができるのだから、その関係性も自明である。要するに、これらの観察上の利点があったために、柱構造と細胞の関係を見つけることができたのである。

　一方、脊椎動物の骨はコラーゲンの繊維をリン酸カルシウムで固めたものなので、作り方は「ヒレ骨—アクチノトリキア」と似ているのだが、通常のコラーゲンは透明で見えないうえに、骨形成は、外部から見えない体の内部で起きる。発見が難しいのも当然なのである。

　しかし、一般的な体の構造も、「ヒレ骨—アクチノトリキ

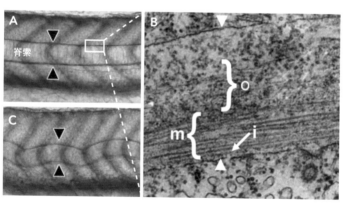

図10　脊索を支えるコラーゲンの結晶体
A：正常個体のまっすぐな脊索。B：脊索を包む鞘の部分の拡大写真。3層構造になっている。i= 内層、m= 中層、o− 外層。中層の部分に、脊索全体の方向と平行な、コラーゲン繊維の束が見える。C：脊索を包むコラーゲンに異常のある個体では、脊索が曲がる。Stemple DL: Development (2005) 132: 2503-2512 より改変。

ア」と似たような仕組みで作られるのではないか、と思わ
せる例はたくさんある。例えば脊椎動物の発生で最も重要
な脊索である。

　脊索は、胚の中に出現する直線状の構造であり、これ自
体は細胞でできている。しかし、剛性の低い細胞がつなが
るだけで、こんなにまっすぐな構造ができるはずがない(図
10A)。脊索を電子顕微鏡で調べてみると、コラーゲンのファ
イバー (結晶体) が脊索に沿って走っているのが見える (図 10B
の m)。このファイバーがないと、脊索が曲がってしまうの
で (図 10C)、脊索の剛性はこのファイバーの方向性に依存し
ていることがわかる。まだ見つかってはいないが、当然、そ
の方向性を制御する細胞が存在するはずである。それが、コ
ラーゲン産生細胞とは別の細胞であれば、やはり脊索に関し
ても、分業体制で行われているということになる。

化石と細胞の建築技術

　過去の人類の足跡を現代に伝えてくれるのは、世界各地
に残る歴史的な建造物である (図 11)。人間の個人の活動は、
記録として残りにくいし、失われやすいため、現代からそ
れをうかがい知るのは難しい。しかし、人類は「剛性の高
い資材を作成して組み立てる」という技術を作り上げるこ
とにより、現代に残る巨大な建造物を作ったのである。そ
れは、個体としての人間をはるかに超えた空間的、時間的
なスケールで彼らの足跡を現代に伝える。

ちょっと無理やりな比喩かもしれないが、筆者は、原始細胞にとっても同じようなことが起こったのだと考えている。まだ、大きな多細胞生物が生まれていない時代の地球では、少しでも大きいこと、動くことが進化を生き残る重要な条件だったはずである。しかし、単に、脆弱な細胞同士が

図11　世界遺産に登録された建造物
A：日本の姫路城（写真：Shutterstock）、B：エジプトのピラミッドとスフィンクス、C：インドのタージ・マハル（写真：Shutterstock）、D：ギリシャのパルテノン神殿。

図12　さまざまな化石
A：ティラノサウルス（北九州市立いのちのたび博物館所蔵）、B：アンモナイト（写真：PIXTA）、C：放散虫（写真：PIXTA）。

集まっても、大きな構造を安定に作ることはできない。そこで、おそらく長い間、生物形態の進化は停滞していたはずだ。しかし、そのなかで一部の細胞は、「剛性の高い資材の作成＋組み立て」という離れ技を身につけたのである。結果として、剛性の高い大きな体を手に入れ、細胞としての限界を打ち破った（筆者の妄想ですが、まんざら外れてもいないはず）。

遺跡として残った古代建造物自体には、古代人の体は含まれていないが、その構造から、彼らの工夫と知恵を想像することができる。同様に、化石には細胞は含まれていないが、その構造から、細胞が自身の脆弱さを超えるために身につけた「技」を知ることができるはず。骨（内骨格、外骨格、貝殻を含む）のさまざまな構造は、細胞による骨の造形技術を知るための情報をどこかに宿しており、誰かに発見されるのを待っているのである。

筆者が、博物館で化石や骨格標本を見るときは、いつもそんなことを考えています。次に博物館に行ったときには、ぜひ皆さんも、そうしてみてください。それだけでもいつもと違う楽しさが味わえること請け合いです。

（この章で紹介したアクチノトリキアの研究は、筆者の研究室に所属する研究員の黒田純平さんをはじめ、大学院生の中川日々紀さん、飛石佳穂さん、理化学研究所の岩根敦子さんらによって行われたものです。）

参考文献　　1）Kuroda J, et al: Mech Dev (2018) 153: 54-63
　　　　　　　　2）Kuroda J, et al: Front Cell Dev Biol (2020) 8: 580520
　　　　　　　　3）Stemple DL: Development (2005) 132: 2503-2512

COLUMN 3

研究費をばらまけと
言ってはいけない理由

　近年、発表される論文数の減少など、日本の大学の研究レベルが国際的に落ちているという、衝撃的なデータが公開され、基礎科学の危機が叫ばれている。何とかしなければいけないと、SNSでさかんに警鐘を鳴らしている研究者もいる。特に最近は、政府主導の「選択と集中」に対して反対する意見が述べられることが多い。その主なものが、タイトルに挙げた、「研究費はばらまくのがよい」という意見。他にも、「研究者が好きなことをできる環境を」「役に立たない研究に価値がある」などなど。

　だが、どんなに警鐘を鳴らしても（鳴らしたつもりになっても）、政府も一般社会も反応する気配はない。たまに、ノーベル賞を受賞した研究者が同じコメントを発し、マスコミがそれを取り上げると、研究者は「そうだ！そのとおりだ！」と反応する。だが、マスコミの取り上げ方自体がどうもおざなりな感じで、変化が起きる雰囲気はない。もちろん、政府はまったく反応しない。研究者としては、ノーベル賞学者が言ってもダメならもうどうしようもない、とがっくりくる。これの繰り返し。もうあきらめるしかないのでしょうか？

　だが、あきらめる前に、ここでちょっと自問してみよ

う。「本当に悪いのはマスコミや、一般社会のほうだけです
か？」「もしかしたら、こちらの想いが伝わらないのは、
単に、こちらの言い方が悪いのではないか？」と。

言ってはいけない3つのNGワード

まず、第一に研究者が肝に銘じなければいけないのは、
「言葉を一度発してしまえば、その解釈は、それを受け
取る側に自由がある」ということだ。さらに、研究者と一
般の人との間には、ものを考える背景となる知識体系に
かなりの「ずれ」がある、ということを意識しないとい
けない。

「研究費はばらまけ」

「研究者は好きなことをやればよい」

「役に立たない研究に価値がある」

この3つの主張は、研究者の感覚を持っていれば、確
かに納得できるものだ。しかし、「ばらまき」「好きなこ
と」「役に立たない」という語には、ネガティブな意味が
含まれており、研究者以外の人は、そこにまず反応して
しまう可能性が高い。危険なのだ。

例えば、政治家が以下のようなことを言ったら、どうか。

「政府は、インフラ整備のお金をばらまくのがよい」

「官僚は、自分の好きな事業だけに集中すればよい」

「役に立たない公共建築に価値がある」

当然、「なに、ふざけたことをぬかしとんじゃ」としか

思えないでしょう。

　それと比べて、「選択と集中」という言葉の健全さ、ポジティブさはどうだろう。「有効な選択が本当にできるかどうか」、「実はそっちのほうが効率が悪いかもしれない」、という現実は別にしても、ばらまいたり、好き勝手にやらせるよりも、はるかにマシに聞こえるはず。これでは、世間が科学者の叫びに反応しなくても当たり前である。

　これら3つの主張が成立するためには、研究者間で共有されている常識と考えが必要で、それをきちんと説明したうえで使わないと危ういのだ。特に、新聞やテレビなどでワンフレーズだけを切り取られると、言葉の印象のみが強く残り、逆効果になる可能性がさらに高くなる。気をつけなければならない。

　では、どのように言い換えればよいか？

　以下に愚見を述べさせていただきましたので、参考にしていただけると幸いです。

　（研究者向けに書いた文章ですが、一般の方にも研究者の考え方の理解の一助としていただければうれしいです。）

「ばらまき」の本当の意味

　よく考えてみよう。そもそも、研究者は文字通りのばらまきなんか望んでいないのではないだろうか？

　基礎科学における研究費のほとんどは、文部科学省の科学研究費補助金（通称：科研費）である。科研費の採択にあ

たっては、申請書類が専門の科学者の間で査読され、厳し
く選別された後に配分される（採択率20%程度）。しかも、配
分額の大きなものは、ほんの一部だ。これは、選択と集中
そのものである。文字通りの「ばらまき」を望むのであれ
ば、この科研費制度を変えろ、となるはずだが、それを意
図した科学者によるコメントはほとんどない（もっと配分額
を増やせるくらいの予算が欲しいという意見はあるが）。なぜか？ そ
れは、「ばらまき」の反対語である「選択と集中」の意味
を考えるとよくわかる。

　基礎研究者の多くが反対している「選択と集中」は、「研
究費配分の権限を持っているが、科学に対して十分な理
解と知識がない者」によって、「近い将来、儲かるかどう
か」を基準に行われる「選択と集中」であり、それにより、
特定の分野以外が切り捨てられることに反対しているのだ。

　行き過ぎたものでなければ、選択と集中はある意味当然。
科研費はそういうシステムなのだ。大事なのは、非専門家
の思いつきではなく、「科学者の相互評価システム」に任せ
てほしい、ということ。そのほうが絶対に間違いが少ない
し、結果的に広い分野に配分されることになる。そこから
「ばらまき」という表現が出てきたのだと思うが、残念な
がら、言葉の選び方がよくなかったのだろう。

「好きなことをやればよい」の意味

　専門家に任せろ、というのは当然の理屈なので、ある

程度の説得力はあると思う。例えば、「あなたは、自分の財産の運用を素人に任せたいですか？」と聞けば、誰でも、専門家がよいと答えるはず。また、これまでの成果を見れば、日本の科研費制度はかなりよくやっていたことは明らか。2001年に「50年でノーベル賞受賞者30人！」と文部科学省がぶち上げ、それを聞いた時、多くの人が「そりゃあ、無理だろう」と考えたが、この20年、年に1人程度のペースで受賞者が続いており、50年かからずに達成できそうなのだから。

　ただ、やはり大前提として、科学者が一般社会から信頼されている必要がある。それがなければ任せてもらえない。そこで問題となるのが、「科学者は好きなことをやればよい」「自分が面白いと思うことをするのがよい」というコメントである。これがまた誤解を生む。「好きなことなら、自分のお金でやれよ」という考えが浮かんでくると思いませんか？

　で、ここでもう一度、研究者の方には胸に手を当てて、考えていただきたい。そもそも、プロの研究者であれば、研究対象が何でもいいなんて、まったく思っていないでしょう。それどころか、研究を始める時に、いや、始めたあとでも、それをやることの意義、意味、価値について、必死に考え、それを日常的に議論していますよね。だから、この「好きなことをやればよい」というのは、一般の人が受け取るのとは意味が違うのである。

　では、科学者が「面白い」と感じるポイントは何なの

か？　それはおそらく、分野も国籍も関係なく共通で、「世界の誰も知らなかった現象」「不可能を可能にする技術」、「常識を覆すアイデア」「無関係と思われていたさまざまなものを統一できる理論」などなどである。

　要するに、新奇性が高く、未来を変える可能性のあるものが大好きなのだ。そもそも、科学は本質的にイノベーションを志向するものである。多くの科学者にとっての"イノベーション"は、「現在の科学体系」に対するイノベーションであり、一般の意味とは少し違う。それは確かである。しかし、科学におけるイノベーションの多くが、一般社会にも革命的な変化を及ぼすことは、これまでの歴史が証明しているとおりである。だから、「科学者は好きなことをやればよい」の正しい意味は、「個々の研究者のイノベーションマインドに任せて、できるだけ自由にやらせたほうが、結果として社会的なイノベーションを生む確率は高くなる」となる。

　これなら、一般の方からも、反発を受けることはなかろうと思う。

「役に立たない研究に価値がある」 の意味

　お察しのように、実は、これが一番の難物である。

　「役に立たないことはしてはいけない」というのは一般社会の常識なのに対し、その逆だからだ。

　科学者が、この言葉を肯定的に使う場合、2つの意味がある。

1つ目の例は、小柴昌俊博士がノーベル物理学賞を受賞した時に、テレビのアナウンサーから「ニュートリノの発見は、どんな役に立つのでしょう？」と聞かれた時の、「百年経っても、何の役にも立たんでしょうな。ぐわっはっは」であろう。これは、謙遜や自虐ではなく、「百年ぐらいで実用化できるような、そんじょそこらの発見じゃないんだぜ」という意味。豪快です。ちょっと普通の研究者には真似ができない。だからたいていは、もう1つの「現在、何の役に立つのかわからず、脚光を浴びていなくても、ちゃんと価値はある」という意味で使われている。

　なぜそう言えるのかというと、科学というものが、個々の研究の集合体ではなく、1つの“科学体系”として存在しているためだ。すべての現象は、共通の自然法則の下にあり、そのため、背後で緊密につながっている。1つの現象に対する新しい理解は、同じ分野の他の研究すべてに影響を及ぼすし、まったく異なる分野の研究に、革命的な変革を促したりする。だから、科学の進歩はバラバラに起きるのではなく、科学体系全体として進んでいくのだ。そして、もう1つ大事なことは、新しい科学的イノベーションの多くは、まったく予期しないところからやってくるのが常、ということ。今現在、何の役に立つのかわからないという分野であっても、ないがしろにはできない。むしろ、そのような引き出しをたくさん持っている

ことが、科学体系としての強さにつながるのだ。気まぐ
れな「選択と集中」より、「広く浅く」のほうが、より安
全かつ効率的であるのは当然である。科研費を申請する
には、大学や研究所内にポストを得ることが必要だから、
それだけで、かなりの「選択」をかいくぐってきている
ことになる。だから、ある程度「広く浅く」をやっても、
無駄な「ばらまき」にはならないのである。

　以上をまとめると、
・「研究費はばらまけ」→「研究者間の相互評価に任せろ」
・「好きなことをやればよい」→「研究者の"好きなこと"
　はイノベーションだ」
・「役に立たない研究に価値がある」→「科学は総合力
　であり、幅の広さが力になる」
となる。

　現代の科学研究には、一般社会からの理解と支援が欠か
せない。理解してもらえるような情報を提供するのは、研究
者の責任である。SNSをやっている研究者の皆さん、あな
たのコメントを誰が見ているかわかりません。そのコメント
が正しい意味で伝わるように、細心の注意を払ってください。
　著名な科学者の皆さん、あなたたちの責任はもっと重
大です。言いっぱなしではだめです。ちゃんと、皆さん
のコメントが実効力を持つように、力を尽くしていただ
くことを希望します。

CHAPTER

7

海底の
ミステリーサークル

奄美大島の海底に忽然と現れる、
直径約2mの幾何学模様。
1995年ごろ、
ダイバーによって発見された。

写真：川瀬裕司氏

海底の
ミステリーサークルの
謎を追え！

謎のミステリーサークル発見

　1995年ごろ、奄美大島の海底で、ダイバーが謎の構造物（図1）を発見した。砂でできた直径約2mの幾何学模様である。中央には直径50〜60cmくらいの浅い迷路模様。この部分には、細かい砂が敷き詰められている。さらに、外側に放射状の深い溝。何かの紋章みたいだ。こんなものが、ひとりでにできるはずはなく、何者かが意図的に作ったとしか思えない。これが、初夏の満月のころに、海底に忽然

**図1
奄美大島の
海底に出現する
ミステリーサークル**

と現れ、いつの間にか消える。誰がどうやって作るのか？ そもそもこれは何なのか？ 謎が謎を呼び、いつしか「海底のミステリーサークル」と呼ばれるようになった。

この呼び名は、イギリスの農園に出現して話題になったミステリーサークルから来ている。本家のミステリーサークルが発見された当初は、宇宙人の仕業だとか、いやいや、プラズマが原因の自然現象だとか、さまざまな議論がテレビなどをにぎわせた。だが1991年に、作成者が名乗りを上げたことにより、人工物であることが明らかになった。おじいさん2人がいたずらで作り、世間を驚かせて喜んでいただけだったのだ。名乗り出た理由が「もう年をとって、しんどくなっちまったからやめようと思って」だったから、まじめに推理していた人たちは、あっけにとられたことだろう。そもそもフェイクであって、ミステリーではなかったのである。

一方、こちらの「海底のミステリーサークル」のほうは、正真正銘のミステリーである。深さ30mの海底に突如出現するのだから、人が作った可能性は、まずない。誰、いや、何が作っているのだ？ 今度こそ本当に宇宙人か？？

しばらくの間、何の情報も得られなかったが、2011年、ようやく犯人（？）が発見された。水中写真家の大方洋二氏が、サークル製作の現場を押さえたのである。その作者は宇宙人……ではなかった。なんと、体長わずか10cmの小さなフグだったのだ。その新種のフグは、アマミホシゾラフグと名づけられ、これで犯人は明らかになった。だが、動機は何だろう。

フグがミステリーサークルを作る動機は?

　発見者の大方氏は、シャーロック・ホームズ、ではなく、千葉県立中央博物館分館　海の博物館の川瀬裕司氏に相談を持ちかけた。川瀬探偵は、魚類の産卵行動を専門にしている動物行動学者である。動物が何かの構造物を作る際、多くの場合は、その作り手はオスであり、目的は交尾の相手をおびき寄せるため、あるいはメスに産卵させるため、というのがセオリーである。川瀬探偵は、「中央の部分に卵があるのでは?」と予想。大方氏が中央付近の砂を調べたところ、多数の卵が見つかった。予想通り、この豪華なミステリーサークルは、メスをおびき寄せるための産卵床だったのだ。これで一件落着、と言いたいところだがそうはならない。まだ、重要な謎が2つ残っている。このパターンにどのような意味があるのか。さらに、どうやってこれを作るのか、である。本当のミステリーはここからだ。

残された2つの謎:「意味」と「建築法」

　まず、このサークルの形の「意味」である。メスが卵を産むのは、中央の直径50cmくらいの部分。中央部分に、浅い迷路状の溝、さらに、その外側にきれいに並んだ放射状の深い溝がある。この構造の意味がわからない。特に、外側の放射状の溝は、単に産卵床を目立たせてメスを誘う目的にしては、やりすぎに思える。なにせ、作者の体長はわずか10cm程度なのに、サークルの直径は2mもあるのだ。

溝の深さも、フグの体高よりはるかに深い。完成させるの
に、最長1週間の絶え間ない労働が必要である。メスにア
ピールする以外の「メリット」がなくては、あまりにもばか
ばかしい。

　第2の謎は、その工法である。建築中の行動を記録した
ビデオはある。だが、それを見ても、どうしてこんな幾何学
的な模様が正確にできるのかは、さっぱりわからない。こ
れだけ大きな構造を正確に作ろうと思ったら、もし人間が
やるのであれば、まず図面を作り、現場に目印を刻んでい
くことになるだろう。だが、フグには図面もないし、目印
も作らない。

　ビデオを見ると、フグが海底近くを、砂を巻き上げなが
ら放射状に泳ぐ姿が見える。どこにも目印になるようなも
のはない。溝を掘る順番も特に決まっているようではなく、
行き当たりばったりに見える。そのうえ、作業中は常に海底
近くにおり、制作過程を上から俯瞰してチェックすること
もしない。どのくらい完成したかを確認しないのである。に
もかかわらず、手品のような鮮やかさで、ものすごく正確な
幾何学模様ができていく。見事というほかはない。だが、ど
うやったら、そんなことが可能なのだろう？

　すでに犯人は確保されたが、残念ながら、尋問で白状さ
せることはできない。だからこれらの謎は、科学的に、観
察と論理によって解かねばならない。というか、好奇心の
ある人であれば誰でも、「答えを知りたい！」と思うのが人

情というものであろう。ぜひ、読者の皆さんも名探偵コナン君になったつもりで、推理してみてください！

謎解きチーム結成！

　さて、ここでもう一度、この謎に挑む探偵を紹介しよう。一人目は、動物行動学者の川瀬裕司氏。発見以来、アマミホシゾラフグの行動の現地調査を進めてきた、この問題の専門家である。ただ、残された謎を解明するために、動物行動学の知識だけでは十分ではない。他に、三次元形状の正確な測定、シミュレーション、水流中の砂礫（されき）の動態力学など、動物行動学の範囲を超えた知識が必要となる。そこで川瀬氏は、生物のパターン形成を専門としている筆者（近藤：大阪大学）に、相談を持ちかけた。筆者はちょうどそのころ、生物学、情報科学、基礎工学の大学院生が一緒に取り組める課題を探していたため、フグのミステリーサークル形成研究は、まさにうってつけであった。こうして、川瀬氏と少年探偵団、ではなくて大阪大学の大学院生とで共同研究がスタートすることになった。

まず、構造の意味を考える

　まず、このミステリーサークルの形に、どんな意味があるのか？であるが、それを知るには、この構造自体の詳細な観察が必要である。ここまで大規模な構造物を作るのだから、ちゃんとした意味があるはずだ。どんな小さな証拠も見逃してはならない。事件は、研究室で起きているので

はない。「現場」で起きているのだ。

サークルは、大ざっぱに見て「内側の迷路模様の小サークル」と「外側の放射状の溝」の2つの部分に分かれているが、メスが卵を産み付けるのは内側の小サークルだ（図2）。だから、この部分が最重要のはずである。中心部分と周辺部分の違いは何だろう。

図2の写真からもわかるように、周辺部分は砂粒が目立つが、中心部分は表面が滑らかに見える。手に取ってみると、中心部分の砂は細かく、均質である。メスの産んだ卵は、受精後、細かい砂にくっついた状態で孵化（ふか）を待つことになる。なぜ、細かい砂である必要があるのだろうか。卵がつぶされる可能性を減らすためかもしれない。脆弱（ぜいじゃく）な卵が大きな砂粒の間に挟まれると、つぶれてしまう可能性が高いだろうから、ある程度均一な、小さい砂粒に付着しているほうが、より安全であることは予想できる（筆者の仮説）。

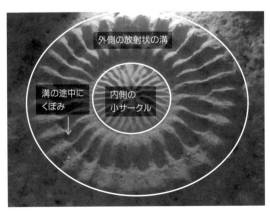

図2
サークルの構造

だから、メスはおそらく、産卵するために細かい砂を要求し、オスがそれをせっせと集めるのだろう。

細かい砂を集める方法

この細かい砂は、海底の表面には存在せず、少し下のほうにあるため、掘り返さないと出てこない。しかし、どうやって？ フグはスコップを持っていないのだ。

実は、細かい砂を上に出す簡単なやり方がある。水流を起こし、砂を巻き上げるのだ。舞い上がった砂のうち、大きな粒は早く落ち、細かい粒が後から降り積もるので、砂の位置関係を逆転させることができる（図3）。

しかし、中心部分の小サークルには、大量の細かい砂が必要であり、単にその場で砂を舞い上げるだけでは足りそうもない。だから、フグはどうにかして周囲の領域から、細かい砂だけを中心部分に集めてこなければならない。

最も効率よく中央に細かい砂を集めるにはどうしたらよ

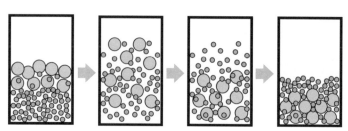

図3　細かい砂を表面に出す方法
大小の粒が混じった砂を、水流で巻き上げると、大きな粒が先に沈むため、小さな粒を選択的に表面に配置させることができる。

いか。皆さんがフグならどうしますか?

最大のヒントは、「外側の放射状の溝」の真ん中あたりにあるくぼみだ。ビデオを見ると、フグは「外側の放射状の溝」が完成した後、時々、外側を向き尾ヒレを激しく動かして、砂を巻き上げる（図4の黄色矢印）。もし、平坦な場所でこれをするとどうなるだろう。砂は巻き上げられるが、その周囲に降り落ちてしまい、中心部に集めるのは難しい。細かい砂だけを1つの方向に移動させるには、その方向への、緩やかな流れが必要である。だから、何とかして中央に向かう水の流れを作りたい。それには……あれ、この放射状の溝って、もしかしたらそのためにあるのかも。

直線状の深い溝を掘り、その真ん中あたりに体を固定して、尾ヒレを動かすとどうなるか? 溝に沿った水流ができる。細かい砂は、その水流に乗って少し離れたところまで運ばれるはず。研究チームは現地の砂を採取し、水流に対して、どのくらいの粒径の砂が、どの程度移動するかを実験した。その結果、溝の中で水流を作った場合に、効率よく、細かい砂だけを移動させられることを確認

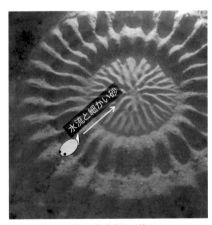

図4　細かい砂を中心部に送る

している。最も効率的に、全方位から中心部に細かい砂を集める溝の配置はというと、これは、どう考えても放射状構造しかない。つまり、この不可思議な構造には、必要性に基づく理由が存在するのである。

きれいに並んだ溝をどうやって作るのか?

残された謎は、どうやったら測量もマーキングもせずに、整然としたパターンを作れるか、である。研究は、奄美大島でのビデオ撮影による行動解析、砂の分析、計算機シミュレーションにより行った。

ビデオからわかる、かなり大ざっぱな工程は以下の通り。

1) 中心部のマーキング:

腹をこすりつけて、なんとなく巣の中心を決める。ご覧の通り、ピンポイントのマークにはなっていない(図5)。

2) 「外側の放射状の溝」の作成:

主に外側から中心部に向かって砂を巻き上げながら泳ぐことで、溝を刻んでいく。この過程は、3〜4日かかり、フグはのべ数千回は同じ掘削行動を繰り返す。

3) 砂を中心部に集める:

溝の真ん中あたりで外側を向いて着底し、尾ヒレを動かして水流を作る。細かい砂は、中心部分に運ばれる。

4) 中央部分の整形:

尾ヒレの先端を海底に接触させて泳ぐことで、浅い迷路上の溝を刻んでいく。

細かい砂を中央に集めるという「目的」から考えると、2)

174

の工程が、土木工事として一番重要であり、正確さを求められる。実は、建築上の謎も、この部分に集中している。フグは、人間のように設計図を持っているわけではないし、建築現場をあらかじめ測量して、溝の正確なマーキングをするわけでもない。そのうえ、常に海底付近にいるために、上からサークルのできばえを観察することすらしないのである。どうやったら、正確な放射状構造を作れるだろう?

まずは、フグの挙動を詳しく解析

とりあえず、2) の工程の1回ごとの掘削行動をデータ化し、統計をとるところから始めた。まず、大量の動画記録からフグの挙動を自動追尾し、1回ごとの溝の掘削行動を抽出してデータ化する。フグが溝を掘るとき、ほとんどの場合、外側から内側に向かって、直線的に溝を掘ることがわかった。

だから、1回ずつのフグの掘削行動は、①掘削開始の位置、②

図5
フグが最初に作る
中心部のマーク?

掘削の方向、③掘削の長さ、の３つの数値で表現できる（図6A）。その結果をまとめてヒストグラム化したものが図6Bである。

　一見して、正確な土木工事とは言い難い。掘る長さもまちまちだし、特に重要な掘削の方向も、工事の初期には、かなりいい加減なのだ。統計データを見ると、初期（青のヒストグラム）において、ものすごくばらつきが大きいことがわかる。

　試しに、サークル形成初期における連続20回の掘削行動をトレースすると、図7のようになる。

　これでは、掘削角度も長さも、バラバラすぎて、到底きれ

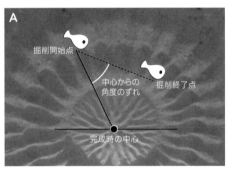

図6
フグの溝掘削の
パラメータ表現(A)と、
その結果の
ヒストグラム化(B)

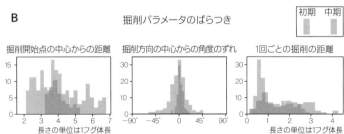

B　　　　　　　　　　掘削パラメータのばらつき　　　　初期　中期

掘削開始点の中心からの距離　　掘削方向の中心からの角度のずれ　　1回ごとの掘削の距離

長さの単位は1フグ体長　　　　　　　　　　　　　　　　　　長さの単位は1フグ体長

いなパターンになる気がしない。実際に、このばらつき具合を正確に取り込んだシミュレーションをしてみると、図8のようになる。当然まともなパターンは出ない。パターンを出すには、他の情報が必要である。

フグは、砂地の低い場所を掘削開始点に選ぶ

何かヒントはないかと思ってビデオを注意深く見ていると、どうやら、掘削開始地点がカギになっているのではないかと気がついた。フグは、砂地の形状が「山」になっているところを嫌い、「谷」になっている地点から掘り始めやすい、とデータに出ていた。

それならば、ということで「低い場所のほうが掘削開始地点になりやすい」という条件を入れてシミュレーション

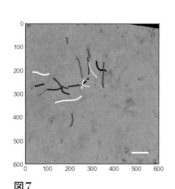

図7
連続20回の掘削行動の軌跡
Mizuuchi R, et al: Sci Rep (2018) 8: 12366 より転載。

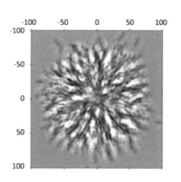

図8　測定したばらつきを基にしたサークル形成のシミュレーション
Mizuuchi R, et al: Sci Rep (2018) 8: 12366 より転載。

したのが図9である。

　最初はめちゃくちゃだが、次第に溝と峰がはっきりと見え出し、かなり等間隔っぽい放射パターンが出ることがわかった。これは良さそうだ。実際のサークルと比較するために、図9のシミュレーション結果で、黄色いリングの円周上の深さをグラフにし、実際のフグのサークルと比較すると図10のようになる。結構似た感じである。あいまいなパラメータで掘っても、ちゃんとした放射状パターンができるのである。

アバウトなやり方できれいな溝ができる理由

　こんなに精度の低い掘削を繰り返すだけで、どうして等間隔のパターンができてくるのだろう？　シミュレーションでそうなった、というだけでは納得し難いので、以下に簡単に説明する。

　図11は、溝の断面をフグの正面から描いたもの。フグが、

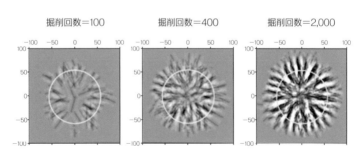

図9　低い地点で掘削を開始すると仮定した場合のシミュレーション
Mizuuchi R, et al: Sci Rep (2018) 8: 12366 より改変。

すでにできあがっている深い溝を掘削する場合である。深い溝は、幅も広い。だから、舞い上がった砂は、ほとんど同じ溝の中に落ちる。落ちた砂は溝側面の斜面を滑り落ちるため、それ以上深くはならない。つまり、できあがった溝を掘っても、溝のパターンに変化は起きない。

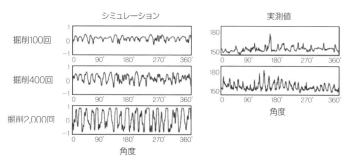

図10　溝の断面図をシミュレーションと実際のサークルで比較
溝のできる時間経過を、実際のデータとシミュレーションで比較すると、かなり似ているのがわかる。Mizuuchi R, et al: Sci Rep (2018) 8: 12366 より改変。

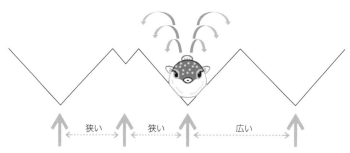

図11　深い溝を掘る場合、溝の位置は変化しない
深い溝を掘削する場合、舞い上がった砂はほとんどが同じ溝に落ちるため、隣の溝の位置は移動しない。

一方、浅い溝を掘る場合は、図12のようになる。浅い溝は狭いため、舞い上がった砂のほとんどは隣の溝に落ちて、側面を流れ落ちる。そのため、溝の最深部が図12のように移動することで、結果として、狭かった溝と溝の間隔が広くなり、等間隔になっていくのである。

　フグがすべての溝をランダムに掘削し続ければ、すべての溝の間隔が、同じになっていくはず。考えてみれば、当たり前の理屈だ。また、この原理だと、溝の幅はフグの体の大きさ（幅）と、砂が横方向に飛ぶ距離に依存するはずである。川瀬氏に聞いてみたところ、統計的に信頼できるほどのデータはないが、大きなフグが大きなサークルを作るという感触はある、とのこと。

　以上のように、海底のミステリーサークル作りにおける謎のいくつかは解けた。この成果は、『Scientific Reports』誌

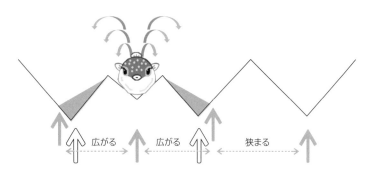

図12　浅い溝を掘る場合、隣の溝の中心位置が移動する
浅い溝を掘削すると、舞い上がった砂の多くは隣の溝に落ちるため、溝の中心位置が移動し、均一になっていく。

（フリーアクセス）に掲載されたので、興味を持たれた方は、論文の英文ウェブサイト[1]にアクセスしていただくと、かわいいフグのサークル形成過程の動画をダウンロードできます。

サークル建築後のフグの行動

さて、最後に、首尾よくメスを迎えて卵を受精させることに成功した後、そのフグのオスがどんな行動をとるかを解説して、この章を終えることにしよう。川瀬氏の研究によれば、優秀な（あるいは立派なサークルを作った?）オスは、別のメスを次々に迎え入れて、産卵させることに成功する。一見、一夫多妻のようだが、メスのほうも、次に別のサークルでまた産卵するとのことなので、どっちもどっちである。産卵が済むと、オスはサークルのメンテナンスを放棄するため、巣は崩壊の一途をたどる。しかし、孵化するまではその場にとどまり、卵を守り続ける。卵が孵化すると、巣は用済みとなり、フグも去っていく。同じところでサークル再建はしない。過去の思い出は捨てるのである。なかなか男前な潔いフグなのである。

謝辞　本章に掲載した海中写真は、すべて川瀬裕司氏（千葉県立中央博物館分館　海の博物館）にご提供いただきました。

参考文献　1) Mizuuchi R, et al: Sci Rep (2018) 8: 12366
（https://www.nature.com/articles/s41598-018-30857-0）

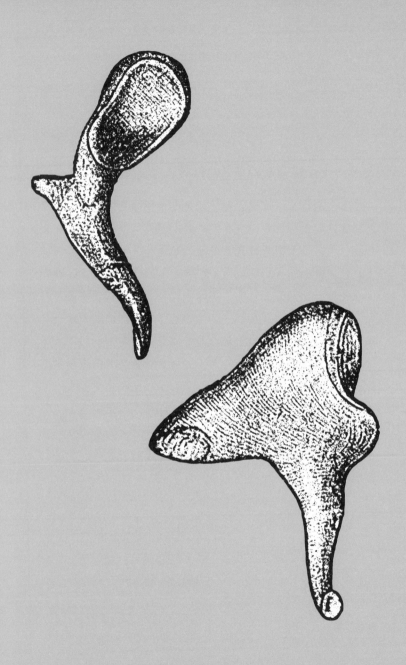

耳小骨

ツチ骨、キヌタ骨、
アブミ骨の3つからなる。
人体で最も小さく、
最も奇妙な形の骨。

CHAPTER

梃子の原理で理解する？人体の物理学

「梃子の第2原理」があるらしい

　「梃子の原理」の発見者はアルキメデスであるとされている。第二次ポエニ戦争（BC219〜BC201）でシラクサがローマ軍の攻撃を受けた際、「梃子の原理」を用いた投石機（カタパルト）や、軍船をひっかけて転覆させるクレーンのような装置（アルキメデスの鉤爪）を造ってローマ軍を苦しめた、という話が伝わっている。また、「我に支点を与えよ、されば地球をも動かしてみせよう」というアルキメデスの台詞は、科学者による大見得として最高にかっこいい。「梃子の原理」自体は、専門家にとって当たり前すぎてほとんど意識されないが、上記のような歴史的背景により、一般社会的には「ザ・物理学」と言ってもよいような地位にあるのだ。その証拠に、「梃子の原理」はいろいろなジャンルの解説本に頻繁に出てくる。以前、息子に野球を教えようと思い、本屋に並んでいる解説本やウェブにある指導マニュアルを見ていたら、本当にたくさん出てきた。

　曰く、

　・「バッティングで強い打球を打つには、梃子の原理を利

　用すること」

・「バッティングは梃子の原理と同じ」

・「インパクトの瞬間に梃子の原理でいう支点（グリップ）

　をブレないように固定すること」

などなど。

「野球は物理学」「梃子の原理を理解すれば、あなたもプ
ロ野球選手」と言わんばかりである。しかし、じっくり読み
込んでみても、どうやって梃子の原理を使うのかは、さっ
ぱりわからない。さんざん、意味不明な解説が続いた挙句
の結論が、「インパクトの瞬間に“グッ”と力を加えるので
す」だったりして、腰が抜けそうになる。

　これらの解説は、別に間違いを書いているわけではない
が、たとえ理解したところで、プレーの役にはあまり立ちそ
うもない。皆さん、歩いたり走ったりするときに、梃子の原
理、意識していますか？　ウサイン・ボルトが100m走で、梃
子の原理を意識しつつ世界新記録を出した、ということもあ
るまい。そんなの考えていたら、転んでしまいそうだ。

　どう考えても意味がなさそうなのに、なぜ、やたらと梃子
の原理で解説したがるのか？　答えは「なんだかすごそうだ
から」。「おれは有象無象のスポーツコーチじゃないよ、ちゃ
んと物理学に則って教えてるんだぜ」という雰囲気を醸し出
してしまうのが、この「梃子の原理」の不思議な効果なのだ。

　この効果が活用されているのは、スポーツ業界だけ、あ
るいは日本だけではない。例えば、金融業界でも「レバレッ
ジ（leverage：梃子の作用）」という言葉が頻繁に使われている。

値上がりが期待できる株や債権を購入するときに、お金を借りてたくさん購入すればもっと儲かる、という意味だが、値下がりすればいきなり破産するかもしれないきわめて危険な行為でもある。どの金融屋が名付けたのかはわからないが、それを「梃子の原理」と関連付けることで「理論的な行為である」という印象になり、顧客に勧めやすいのだろう。このように、すごそうな言葉がもたらす心理的な効果を表現する専門用語、ご存知ですか？ そうです。「ジンクピリチオン効果」[*1] です。

「梃子の原理」という言葉のジンクピリチオン効果はかなり強く、しかも、いろいろなスポーツ解説本に頻繁に現れるため、この際、「梃子の第2原理」と名付けてしまってもよいのではないかと思う。

生命科学のテキストにある「梃子の第2原理」

読者の皆さんは、科学者ならそんな「梃子の第2原理」なんかにだまされない、とお思いかもしれないが、意外にも科学の世界、例えば筆者の専門である生命科学のテキストにも、この第2原理は使われているのだ。図1をご覧いた

---

*1　ジンクピリチオン効果：作家の清水義範氏によって見出された、「言葉の衝撃力が精神活動に与える影響」を表現した用語。シャンプーのCMに「ジンクピリチオン配合」というキャッチフレーズがついているだけで、「ジンクピリチオン」がいったい何なのか知らない消費者にも、「おお！ それはなんだかすごそうだ」と思い込ませてしまう、魔法のような力のこと。

だきたい。中耳にある、耳小骨という名前の奇妙な形の骨
である。

この耳小骨の機能に関する説明が、どうも「梃子の第2
原理」くさいのである。耳小骨は、ツチ（槌：malleus）、キヌ
タ（砧：incus）、アブミ（鐙：stapes）の3つの骨からなる。機能
は、鼓膜の振動を内耳に伝えることだ。「なんで、こんな
にややこしい形をしていなきゃいけないのか?」の説明に
「梃子の原理」が出てくる。以下、その教科書的な説明であ
る。次ページの図2を見ながらお読みください。

音を「聞く」ためには、物理振動を神経の活動に変換し
なくてはならない。振動は、神経細胞の先にある繊毛が感
知するのであるが、それがあるのはリンパ液で満たされた、
内耳の蝸牛という器官の中である。だから、空気の振動は、

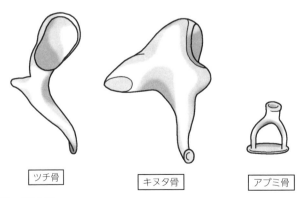

ツチ骨　　キヌタ骨　　アブミ骨

図1　耳小骨

最終的にはリンパ液の振動に変換されねばならない。しかし、ここで大きな問題が起きる。気体と液体の密度の違いだ。液体に比べて気体の比重が軽すぎるため、何も仕掛けがなければ、気体の振動はほとんどが界面（この場合は中耳と内耳をつなぐ卵円窓）で反射してしまい、液体（リンパ液）の振動には変換されない。したがって、何か仕掛けを作って空気の振動エネルギーを増幅しなければ、「聞こえない」のである。

　そこで登場するのが鼓膜と耳小骨だ。この２つの構造の目的は、大きな膜で空気の振動を物体の振動に変え、それを内耳の蝸牛に伝えることである。受容できる振動のエネルギー

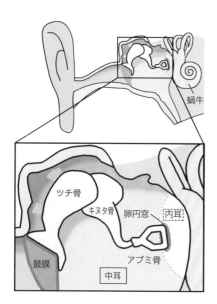

図2　中耳の構造

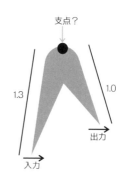

**図3　力が1.3倍に
なるとされる理由**

は、その鼓膜の面積に比例する。ヒトの場合、鼓膜と卵円窓の面積比が 17 倍あるので、これだけで、17 倍のエネルギー増幅が起きるはず。そのうえ、耳小骨が「梃子の原理」でエネルギーをさらに増幅する。ツチ・キヌタ骨の基部(関節部分)から鼓膜までの距離は、アブミ骨との関節までの距離の 1.3 倍あるので、力も 1.3 倍になる(図3)。合計で、17 × 1.3 ≒ 22 倍のエネルギー増幅になるのである。

出ました、梃子の原理。「いやぁ、生き物の体って、物理的にうまくできているんですね。みんなで感動しましょう」というのが、一般的な解説の趣旨である。

増幅率計算のうさんくささ

ちなみに、この説明は国内、海外を問わず医学系の解説、一般の教科書、多くの病院のウェブサイトに載っている。以前、『Scientific American』というアメリカの科学雑誌の記事としても同じものが出ていた[1]。世界標準の説明と言ってよい。

どうでしょう? すごいと思いましたか? そう思ってしまった人。たぶん、あなたはだまされやすい。梃子の第2原理にひっかかっています。だって、ちょっとよく考えれば、この説明は小学生にもわかる疑問だらけだから。

まず、この 1.3 倍という増幅率。実に微妙というか、しょぼい。鼓膜と卵円窓の面積比で、17 倍まで増幅できるのなら、あともうちょっと鼓膜を大きくすれば十分な話である。

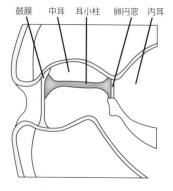

鼓膜　中耳　耳小柱　卵円窓　内耳

図4　最もシンプルな構造
（爬虫類の中耳）

わずか 1.3 倍のために、わざわざ、こんな複雑な装置を作る意味があるのだろうか？例えば、図4のように、鼓膜と卵円窓を直結した構造を考えてみる。

こちらのほうが明らかに単純だし、振動する骨も小さくて済む。骨を振動させること自体にエネルギーが使われてしまうから、全体の質量は小さければ小さいほど良いはずだ。3つの骨を組み合わせれば、ジョイント（関節）部分で力が逃げてしまうことも考えられる。それに、そもそも「梃子」になっているのかどうかが、きわめて疑わしい。梃子に必須の「支点＝回転する不動点」が存在しないからだ。一般的な説明では、ツチ・キヌタ骨の関節（接触）部分が支点ということになっているようだが、これらの骨は、伸縮性の靱帯で中耳にぶら下がっているのである。力を受ければ動くはずだから、「回転が可能な不動点」ではない。それに、支点の位置が不明だから、棒の長さの比率を計算することも不可能。なんだか、悪いことばかりである。本当に、この形に意味があるのだろうか？

実は、図4で示したシンプルな構造は、爬虫類の中耳（耳小柱）の構造なのだ。「エネルギーのロス」という点に関しては、どう考えても爬虫類のほうが優れているように思える。う～

190

ん、困った。哺乳類のほうが進化しているはずなのに……。

「梃子で 1.3 倍」の説明を考えた人は、おそらく、このことに気が付いていたのだと思う。哺乳類の中耳がより複雑な構造になったのなら、何か利点があったはず……というので、苦し紛れに考え出されたのが「梃子で 1.3 倍」だったのだろう。残念ながら、上記のように物理的にはあまり説明になっていないのだが、たまたま、この「梃子」という言葉の持つジンクピリチオン効果によって、うさんくささがカモフラージュされ、ずるずるとこの説明が生き延びてきたのだろう。恐るべし、梃子の第 2 原理。

「細かいことをぐちぐち言うなよ。耳 (人体) の構造はすごいということを説明したいのであって、それに関しては間違っていないだろ？」とおっしゃる方もいるかもしれない。でも、それではいかんだろうと思うのです。科学・理科教育で教えるべきなのは「知識」ではなく、「正しい理屈で考えること」のはず。短絡的に納得した気にさせることではない。無理やりな説明を聞いたとき、「なんかそれ、おかしくね？」と感じるようになってもらわねば、理科教育の意味がない。

耳小骨に必要な4つの機能

「？？？」な解説を見つけたら、次にやるべきことは、正しい答えを見つけることだ。それが、理系人間の性(さが)ってもんです。というわけで、この章では「耳小骨はなんでこんな形をしているのか？」の答えを探してみたい。「梃子で 1.3 倍」よりもまともな答えが、きっと見つかるはずである。

以下、純粋に「部品の形と物理的な機能」の話になるので、メカ好きの人には、きわめてわかりやすいと思います。生物学用語もほとんど出てきません。逆に、メカが苦手な人には、ちょっとだけ難しいかもしれませんが、図を見ていただければ、だいたいの理屈は追えると思います。

　ではまず最初に、耳小骨という装置には、どんな性質（機能）が必要なのかを考えてみよう。

　結論から言えば、①「感度」の向上、②「安全装置」としての機能、③「振動方向」の調整、④「広い周波数帯」への対応、の４つが考えられる。

　最も重要なのは、①「感度」である。聴覚の機能は、外界の変化を捉えることだから、できるだけ小さな音でも聞こえることが望ましい。これが第１条件である。小さい音に対応するためには、装置は繊細である必要がある。しかし、逆に非常に大きな音（振動）がやってくる可能性もあり、そのときに、繊細すぎて故障してしまっては元も子もない。卵円窓は内耳（蝸牛）に開いた窓であり、ここだけ固い骨ではなく、膜構造になっている。そのため、非常に大きな振動が加わると壊れ（破れ）てしまうので、何らかの②「安全装置」が必要である。さらに、振動の方向が気になる。あまり意識されていないが、音の振動は、外耳道を上下左右に反射しながらやってくるので、鼓膜自体もいろいろな方向に振動する。それがそのまま卵円窓に伝わると、膜を痛める可能性があるので、できれば、③「振動方向」を調整して、卵円窓に対して垂直以外の方向の振動をカットしてしまい

たい。最後に、振動の周波数帯である。外界からは、いろいろな振動数の音がやってくる。一方、物体には固有振動数があり、通常、固有振動数の近くの周波数ではよく振動するが、それ以外では振動しにくい。ある一定の周波数の音だけしか聞こえないのでは困るので、④「広い周波数帯」に対応できることが望ましい。

　以上４つのニーズを満たす構造とはどんなものだろうか？　いきなり複雑な構造を考えるのは難しいので、以下、単純な仕組みから考えて都合が悪ければ改良する、という戦略をとることにしよう。

耳小骨の構造をデザインしてみる

　さて、まず上記項目の①、すなわち「感度」を第一に考えて、最もシンプルな試作品第１号を作るとすればどうなるか。おそらく、爬虫類型の耳小柱と同じように、１本の骨で鼓膜と内耳の卵円窓を直結させる構造になるだろう。これが一番単純で、エネルギーロスも少ない。ただ、単に直結させればよい、というわけではない。小さい音でも伝わるようにするには、質量をできるだけ小さくする必要がある。それには、材質は変えられないので、形状で対応するしかない。だから、棒状の部分の太さは、理想的には細ければ細いほど良い(図 5A)。一方で、細い棒が直接結合していると、局所的に大きな力が加わり鼓膜や卵円窓に傷を付けてしまう。だから、図 5B のように端に円盤を付けたような形状がよい。さらに、円盤と棒の接合部分を軽くかつ丈夫

にするためには、いろいろな形が試せそうだ。図5Bよりも、図5Cのような円錐形にした方が丈夫になる。重くなるのが気になるので、円錐を何本かの支柱に分けてもよい。支柱が2本の場合、図5Dのようにアブミ骨の形になる。これは、軽さと丈夫さの両方を兼ね備える理想的な形かもしれない。というわけで、図5Aのような構造を試作品第1号にしよう。

　ヒトの場合、慢性の中耳炎で耳小骨が変形してしまった場合に、実際に鼓膜と卵円窓を直結させる、という治療法があり、それでもなんとか音は聞こえるのである。

　①の「感度」の問題に関しては、これ以上の改良は望めないように思える。シンプル・イズ・ベストだ。しかし、これは②～④の項目に対応した構造にはなっていない。この構造では、大きな振動は卵円窓を直撃してしまうし、振動方向も制御できていない。さらに、1個の骨（耳小柱）に依存しているので、固有振動周波数の影響が大きそうだ。実際

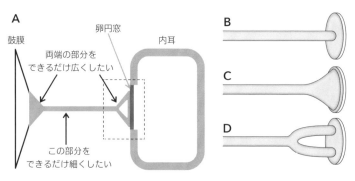

図5　1本の骨で鼓膜と卵円窓を直結させたモデル

に、爬虫類はあまり高い音が聞き取れず、最大のものでも8,000Hz くらいとのこと(ヒトは 20,000Hz 程度)[2]。骨の形を変えて可聴周波数を広くすることができれば、ある程度感度を失っても、利益のほうが大きいだろう。

アブミ骨のジョイントで振動方向を調節

では、これから試作品第 1 号を改良していく。わかりやすい項目から片付けていこう。一番簡単なのは、③「振動方向」の調整である。これは、部品を 2 つに分けて可動ジョイント(関節)でつなげばよい(図 6)。この構造であれば、鼓膜の Y 軸・Z 軸方向の動きはキャンセルされて、X 軸方向のみの動きが伝わる。自動車に詳しい方は、エンジンのクランクシャフトとコネクティングロッドの関係と似ているのが、図 6 を見れば一目瞭然だろう。これがおそらく、アブミ骨が他の骨と関節でつながっている理由である。

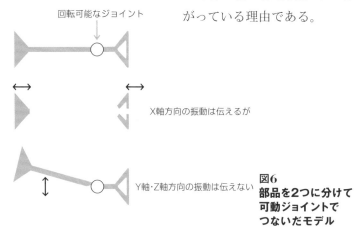

回転可能なジョイント

X軸方向の振動は伝えるが

Y軸・Z軸方向の振動は伝えない

図6
部品を2つに分けて可動ジョイントでつないだモデル

3通りの安全装置

　次は②の「安全装置」である。急に大きな力がかかったときに、繊細な卵円窓を守るために振動を止める必要があるのだが、どんな装置を作ったらよいだろうか。これにはいろいろな方法が考えられる。

　まず1つ目。大きな振動が起きたときに、それを感知して骨の動きを止める装置を考えよう。自動車で言えば、エアバッグだ。実はヒトのツチ骨、アブミ骨に接合している筋肉が、大きな音がきた場合に収縮して、振動を止めるように働くことが知られている。また、コウモリの場合、自分が超音波を出すときにはこの筋肉を収縮させて、大きな音が耳に入らないようにしているそうだ。だから、この装置は動物の中耳ですでに実現している。ただ、この装置は原理的に複雑なうえに、安全装置が働くまでの間に、内耳におけるリンパ液の振動→神経による感知→筋肉の収縮、という過程によって時間の遅れが生じる。これでは1発目の振動を止められない。できれば、振動が内耳に伝わる前に、耳小骨で止めてしまえれば理想的だ。

　2つ目として、強い振動を和らげるのによく使われるのが、スプリングである。車で言えばサスペンションだ。硬い骨でも、形によっては、スプリング効果を持たせることができるだろう。例えば、図7のような形だ（実は、コウモリのアブミ骨のアームの部分がとても長く湾曲しており、この機能を果たしていそうなのである）。さらに、いっそのこと一部分を収縮性の

ある軟骨で作ってしまえば、強すぎる振動を吸収できるはず。もちろん、振動自体がスプリングにより減衰してしまうデメリットも生じるので、良い点ばかりではない。

　3つ目の方法は、自動車でいえば、変形による衝撃吸収である。交通事故のときに、車のボンネット部分がぺしゃんこになることで搭乗者を守る、という原理だ。いろいろとやり方があるだろうが、よく見ると、ツチ・キヌタ骨の構造は、まさにそのためにあるかのように思える。音が伝わるからには、ツチ・キヌタ骨の間の関節は、普通は「動かない」はずである。大きすぎる振動が加わったときにのみ、この関節が動けば、安全装置として完璧だ（図8のジョイント2）。関節にかかる力の大きさは、ツチ骨のアームの部分の長さで調節できる。なるほど、ここは確かに「梃子の原理」である。

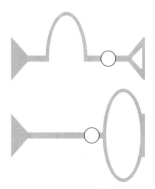

**図7　スプリング効果のある
形状の骨でつないだモデル**

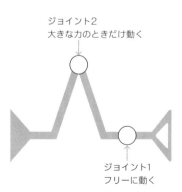

図8　変形による衝撃吸収モデル

可聴周波数を広く保つ方法は？

　最後に、④「周波数帯」を広く保つ構造を考えよう。骨を使って振動を伝えようとすると、どうしても、その部品の周波数特性が問題になる。例えばオーディオスピーカーの場合、ヒトの可聴域（およそ 20 ～ 20,000Hz）すべてを再生しなくてはならないが、振動板の周波数特性があるため、1 つのユニットではすべてをカバーすることが難しい。大きな振動板は低い音（低周波数）をうまく再生できるが、高音は犠牲になる。小さい振動板は、逆に高い音に特化しており、低い音は再生できない。この問題をカバーするために、2 種類（ウーファー＋ツイーター）か 3 種類（ウーファー＋スコーカー＋ツイーター）のスピーカーを組み合わせて使うのである。1 個の耳小柱の振動に依存する爬虫類の可聴域が狭いのは、この構造の限界なのである。

　この問題を改良するためのシンプルなやり方は、スピーカーの例に従って、重さ（大きさ）の異なる複数の耳小骨を用意することだ。

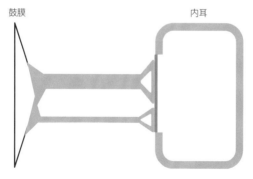

鼓膜　　　　　　　　　　　　内耳

図9

**重さの異なる2つの
耳小骨を用意する
モデル**

　図9のようになるが、これは一見してメカニズム的に不細工だ。互いの振動が変に干渉してしまいそうで、いろいろと別の問題も起きそうだ。何か良い方法は？と考えながら耳小骨をよく見ると、すでにこの問題は解決されているように思える。答えは、ツチ・キヌタ骨の複雑な形状だ。

　ツチ・キヌタ骨は複雑な形をしているため、振動する場合、与えられる周波数によって、振動の軸が変わる可能性が高い。ここの説明は、特に三次元だとイメージしづらいので、二次元に単純化すると以下のようになる。

　図10のように、鼓膜からツチ骨の先端に伝わる力の方向は、重心とずれているため、ツチ・キヌタ骨は横方向に振動すると同時に、回転する。図10Aの横方向の並進運動は、ツチ・キヌタ骨全体が動くので、かなりの抵抗になる。1回の振動で伝えられるエネルギーは大きいが、質量が大きい分、高周波数の振動に追従するのは難しい。だから、低音域ではこの振動が主になりそうだ。逆に、図10Bの回転運

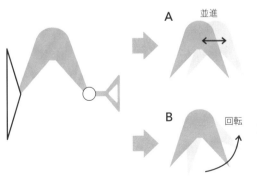

A　並進

B　回転

図10
重心とずれた方向
の力が生む
並進運動と
回転運動

動は、重心の重い部分の並進運動がなく、また、よく動く先端部分は細くなっているため、回転運動のモーメントは小さい。したがって、高音域の伝達に有利と思われる。この2つの動きの合計を内耳に伝えることで、広い周波数帯の音を伝えられるはずだ（追記参照）。

　以上、聴覚のニーズにマッチした装置を作ろうとすると、ちゃんと、ヒトの耳小骨になる、というお話でした。耳小骨の複雑な形は、音圧を1.3倍に増やすためにあるのではなく、多少は音のエネルギーを犠牲にしても、幅広い周波数の音を正確に・安全に伝えるための理にかなったものだったわけである。どうです？ 実に無駄なく機能的にできているでしょう？

定説を疑うことが新しい発見につながるかも？

　この章のイントロで「梃子の第2原理」の例を出し、定説（?）を鵜呑みにするのはいかがなものか、という話を書いたが、実のところ科学者であっても、その危険は一般の方と同じようにある。難しい用語で説明されたり、権威のある科学雑誌に載っていたりすると信じやすいという点も同じ。「おいおい、科学者がそれではいかんだろう」というお叱りが聞こえてきそうな気もするが、研究には非常に多くの前提となる知識が必要であり、それらのすべてを疑ってかかるのは、時間と労力の点で限界があるのです。そのため、科学者の間で「常識」となっている命題の中にも、まれにではあるが、間違いがあるのは避けられない（数学や理論系

の物理学には、そのようなあいまいさは少ないとは思います）。だから、何かの説明に「？？？」と感じたら、たとえそれが教科書や科学者の言葉であっても鵜呑みにせずに、それが本当かどうか、じっくりと自分の頭で考えてみることをお勧めします。そうしたほうが、その説明が正しかった場合でもより深く理解できるし、もし本当にその説明が正しくなければ、大きな発見につながるかもしれないからです。

　というわけで、この章の解説を読み終えた皆さんは、眉に唾をつけて、もう一度よく考えながら読み直していただければ、と思います。

追記　以上の耳小骨の機能についての考察は、筆者のオリジナルというわけではありません。1.3 倍の増幅がうさんくさい、という突っ込みはあまりないようなのですが、安全装置と振動角度の調節に関しては、海外の解剖学関連のウェブサイトでそれらしいことが書いてあるのを見つけました（ただ、実験的な証明はないようで、そうかもしれないという推測にとどまっているようです）。振動周波数に関しては、日本の研究者の文献で、参考になるものがあります。電気通信大学の小池卓二氏は、耳小骨の CT データから三次元物理モデルを作成し、異なる周波数の振動を与えたところ、少なくとも 3 つの異なる振動モードが存在することを見つけており、そのことが、広い周波数帯の音を使えるのに役立っていると推定しています [3]。

参考文献　1) Vetter DE: How do the hammer, anvil and stirrup bones amplify sound into the inner ear? Scientific American, Jan 31, 2008. (https://www.scientificamerican.com/article/experts-how-do-the-hammer-anvil-a/)
2) R.Flindt 著, 浜本哲郎訳: 数値でみる生物学 生物に関わる数のデータブック. シュプリンガー・ジャパン, 2007.
3) 小池卓二: ヒトの聴覚器官における振動伝達. 比較生理生化学 (2007) 24: 122-125.

COLUMN4

猿の惑星リアル化計画

**名作SF映画
『猿の惑星』とは**

　『猿の惑星』というSF
映画がある（図1）。ずいぶ
ん昔の映画（1作目は1968年）
だが、大ヒットしたため、
1970〜80年代にかけて、何
度も何度も続編が作られ
た。『続・猿の惑星』『新・
猿の惑星』『猿の惑星・征
服』『最後の猿の惑星』な
どなど。その後も新シリー
ズが作られているので、若

図1　映画『猿の惑星』のポスター
（Bridgeman Images / PPS 通信社）

い方でも見たことがある人はいるのではないだろうか。

　大ヒットした理由は、おそらく、猿とヒトの地位が逆
転する、という設定が当時は斬新であったことと、猿の
特殊メイクが素晴らしかったことである。ぜひググって、
ジーラ博士（チンパンジーの生物学者）のお姿を確認していた
だきたい。見たことのない人のために、以下に、第1作の
あらすじを述べる（ネタバレ注意！）。

　ストーリーは、地球への帰還を目指していた宇宙船に故障が起こり、ある惑星に不時着するところから始まる。その惑星は、とても地球に似ていた。しかし、そこでは、大型類人猿（チンパンジー、ゴリラ、オランウータン）が知的生物として支配しているのに対し、ヒトは、知的レベルが低く、言葉を話すこともできない生物なのである。宇宙飛行士テイラーは捕らえられ、檻に入れられる。テイラーに興味を持ったチンパンジーのジーラ博士と、なぜかテイラーを亡き者にしようとする上司のオランウータン学者ザイアスの間にいさかいが起きる。ザイアスは、遺跡の証拠から、かつて、ヒトが文明を持っていたことに気づいており、テイラーを危険な存在だと考えていた。テイラーはジーラ博士の助けを受け、類人猿の住まない禁断の土地に脱出、そこで、半ば砂に埋まった自由の女神

図2　『猿の惑星』のラストシーン　　　（Mary Evans / PPS 通信社）

を発見し、自分が今いる星が、700年後の地球であること
を知る（図2）。地球では、猿が知的動物に進化し、ヒトの
知性が退化していたのである。

　さて、この『猿の惑星』のSF的な要素を一言で言うと、
「類人猿に知性が進化する」となる。ヒトがサル（っぽい
生物）から進化したのだから、何百万年もかければ、自然
と知性が進化してもおかしくはない。しかし、映画では
700年という、進化にはいささか短すぎる時間でそれが
起きたことになっている。そんなことが可能だろうか？
自然状態では無理だ。しかし、現代の最先端生命科学の
知識を総動員し、遺伝子操作をやりまくれば、なんとか
なるかもしれない……（その後に作られた新シリーズでは、抗ア
ルツハイマー新薬によって知能が向上するという設定もある）。本当
に短時間で可能なら、CGや特殊メイクを使わなくても、
映画が撮れることになる。そいつは素晴らしい！

猿の惑星をリアル化できるか
　というわけで、いささか強引に話を引っ張ってきたが、
以下、『猿の惑星』の世界を本当に実現できるかを、「科
学的に」考えていく。まず、達成すべき状況を確認しよ
う。映画ではチンパンジー、ゴリラ、オランウータンが
すべて知的になってしまっているが、ここでは、一番ヒト
に近いと思われるチンパンジーに限定する。また、知性が

生まれるまでの時間に関しては、映画の700年では待ちきれないので、できれば50年くらいに短縮できるように頑張ってみることにする。

知性のもとになる遺伝子を探す

ヒトのゲノムには、おおよそ22,000個の遺伝子が存在する。チンパンジーにも、この22,000個の遺伝子セットは、ほぼ同じ状態で存在する。ほとんどの遺伝子がまったく同じであり、入れ替えても、何も起きない。しかし、何個あるのかはわからないが、ヒトとチンパンジーの間で、働き方がわずかに違う遺伝子があり、それがヒトとチンパンジーの違いを作っている、というのが今日の生命科学の理解である。それらの遺伝子の中には、骨格、筋肉、皮膚などの外的な特徴を規定するものもあれば、知性の有無の原因になっている遺伝子もあるに違いない。その知性遺伝子を見つけ出し、チンパンジーの遺伝子と入れ替えれば、ジーラ博士が誕生するはずである。

では、その遺伝子の候補としてどんなものがあるのだろうか。知性の源泉はもちろん脳であるが、ヒトの脳の容積が1,400mlあるのに対し、チンパンジーは400mlしかない。この違いが脳の機能の差になっている可能性が考えられる。したがって、脳の大きさ（＝頭蓋骨の大きさ）を決める遺伝子が、求める遺伝子であるかもしれない。候

補の1つは、「小頭症」という遺伝性の疾患に関係する遺伝子である。小頭症の原因となる遺伝子領域がすでに6つ特定されており、そのうち3つに関して、旧型猿から大型類人猿に至る過程で変異が認められる。とりあえず、この3つは候補になる。

　脳の大きさでなく、神経細胞に関する遺伝子も候補となる。神経細胞の分化を制御しているADCYAP1という名の遺伝子に、ヒトへの進化の過程での変異が発見されている。また、神経細胞の軸索（遠くの神経に刺激を送るためのケーブル）の形成に関与しているAHI1遺伝子にもヒトへの進化の過程での変異が発見されている。これらの遺伝子も重要な候補となる。

　また、脳の言語能力に関する遺伝子も見つかっている。FOXP2という遺伝子が変異すると、名詞の規則的な複数形、動詞の時制を作ることができなくなるという特殊な言語障害が起きる。興味深いことに、この遺伝子はヒトを除く哺乳類で完全に保存されているのに対し、チンパンジーとヒトの間に変異が発見されているのだ。つまり、この遺伝子の機能は、ヒトにおいてのみ他の類人猿と異なるのである。

　他にも、ヒトと大型類人猿との間で遺伝子重複により

増えた遺伝子群や、ヒトとチンパンジーの間で異常に変化が集中している特殊なゲノム領域など、候補となる遺伝子はたくさんあるが、とりあえずこのくらいにしておこう。

特定の遺伝子を、動物個体に入れる技術

　候補遺伝子を見つけたら、次は、それを体（細胞）に入れる手段が必要である。これに関しては、この10年ほどの間に大きな進歩があった。CRISPR-Cas9と呼ばれる酵素を使う「ゲノム編集」という技術である。ここでは詳しく解説はしないが、（受精卵の中で）ゲノムの特定の位置を切断することのできる技術であり、切断された部分に、人工遺伝子を取り込ませることができる。

　具体的にはどうすればよいか。まず、チンパンジーからヒトへの脳の進化に関係がありそうな遺伝子を選んで、それぞれを、チンパンジーの受精卵に導入。チンパンジーが育ったら知能検査をして、知能の向上をもたらした遺伝子を選び出す。あとは、それら全部をヒトの遺伝子と入れ替えればよい。今の技術だと、1世代あたり1遺伝子しか入れ替えができないが、もう10年も経てば、複数個の遺伝子を同時に改変することができるようになる可能性は高い。したがって、3世代50年くらいですべての操作を完了することが可能だ。自分は無理でも、次の世代は

リアル猿の惑星を見ることができるかもしれない。いやはや、最近の生命科学はすごいものです。

もっと確実な方法はないか?

なんだか簡単に猿の惑星が実現するかのように書いてしまったが、ここで、ちょっと冷静になって考えてみる。近い将来、上記のような遺伝子の入れ替えができることは間違いない。これは、ほとんどの科学者（脳科学者？）も同意するだろう。しかし、それをやったからといって、本当に知性が生まれるかどうかについては、残念ながら確実とは言えない。脳科学者にたずねたら、多分「う～～ん、そんなうまくいかないんじゃない?」と答える人が多いだろうと思う。なぜか。チンパンジーからヒトへの変化は、遺伝子の変化が基になっていることは確実だが、上で選んだ遺伝子が、本当に知性と関係があるのかないのか、その保証がないのである。

例えば、脳の容積を大きくする遺伝子を1つの候補として挙げたが、本当に脳の大きさと賢さは相関するだろうか? クジラやイルカの脳はヒトよりも大きいが、それだけ賢いわけではない。また、最近の研究により、ネズミにはかなりの社会性があり、想像以上に賢いことがわかってきているが、それよりはるかに大きいげっ歯類であり、脳も大きいカピバラは、そんなに賢く見えない。

逆転の発想。　ヒトの外見の猿化を目指す

　実は、猿の惑星を実現させる確実な方法が、1つだけ
ある。知性を確実に生み出す方法はないと言ったばかり
じゃないか、と思われるだろうが、この方法では知性を
生み出す必要はない。映画のストーリーを思い出してみ
よう。謎の惑星でテイラーが見たのは、猿の外見を持つ
知的な動物と、ヒトの外見を持つ知的でない動物である。
外見を基準にして猿とヒトを定義したので、「猿が知性を
持った」と考えてしまったが、これは、テイラーの勝手
な思い込みかもしれない。逆に知性を基準にしたらどう
だろう。「知性を持つ生物＝ヒト」であるのなら、テイ
ラーの見たものは、「外見が猿そっくりなヒト」である。
おわかりですか。知性を進化（退化）させなくても、ヒト
の外見が猿化、チンパンジーの外見がヒト化してしまえ
ば、テイラーの見た世界と全く同じものを作れることに
なるのです。

　何をばかなことを！と思われるだろうが、生物学的に
は、こっちのほうが確実で簡単なのだ。なぜなら、人類
の歴史の中で、他の動物に知性を進化させた例はいまだ
に1つもないが、外見を思いっきり変えたことは、ざらに
あるのだから。

品種改良の驚異

　進化には、通常、ものすごく長い時間がかかる。しか

し、それは通常の「自然選択」に依存する進化には当てはまっても、人為的な進化、すなわち品種改良には当てはまらない。生物の外見は、大抵の人が思っているよりも、簡単に、しかも大きく変わりうる。

　その、もっとも身近な例がイヌである。1万年ほど前に、オオカミから家畜化したところから、品種改良がスタートした。と言っても、最初の9,000年くらいの変化は極端なものではない。外見がものすごく違うイヌ、ダックスフンド、チワワ、プードルなど（図3）が誕生するのは、かなり最近のことである。なぜ、こんなに形の違う変種が、ごく短時間に生まれたのか？　突然変異が生じる頻度は、特別な操作をしない限り一定なのに。その理由は、「遺伝子プール」と「量的形質」という2つの進化遺伝学のキーワードで説明できる。以下、具体的な対象があったほうが考えやすいので、ブルドッグの鼻の長さ、ダックスフンドの肢の長さをイメージしながら読んでもらえるとよいだろう。

量的な性質を決める遺伝子

　中学・高校の生物学で扱うのは、1つの遺伝子によって、「質的」な特徴（エンドウ豆の色、皺など）が1つ決められている単純な場合である。質的な変化、例えば緑色が青になる、ということが起きるためには、新規の突然変異が起きる必要がある。そんなものが生じる可能性はきわめて低いので、進化のプロセスは遅い。

図3　オオカミとさまざまなイヌの品種
A：タイリクオオカミ、B：柴犬、C：ダルメシアン、D：ミニチュア・ダックスフンド、E：チワワ、F：トイ・プードル、G：ブルドッグ

　しかし、「鼻の長さ」の場合はちょっと違う。鼻の長さは、「質」でなく「量」である。鼻は頭を構成する頭蓋骨の一部で、その形成には多数の遺伝子が関わっている。鼻の長さは、多数の遺伝子の働きが統合されたバランスとして、結果として決まるのである。このような形質（遺伝的な性質）を「量的形質」という。

　頭蓋骨を作る遺伝子はたくさんありそうだが、そのどれかの働きに変化が生じれば、高い確率で、鼻の長さに影響する。したがって、そのような変異は、質的な変化をもたらす変異と比べ、はるかに容易に起こりうるので

ある。鼻の長さへの影響がわずかであれば、生死に影響しないから、自然選択の対象にはならず、その変異は、オオカミの集団の中に、いつまでも残る。長い時間（これは数万年とか数十万年の時間スケール）にそうした変異が蓄積し、ゲノムの中のそれぞれの遺伝子に、いろいろなバラエティが生じる。この、集団が持つ遺伝子のバラエティが、遺伝子プールである。

　遺伝子プールの中に、鼻を少しだけ長くする変異、少しだけ短くする変異のバラエティが蓄積されても、それらは、それぞれの個体にばらばらに存在するため、極端に鼻の長さの違う個体は現れない。だから、外見的には種としての形態変化は起きない。人間の顔が、それぞれ微妙に違うが、全体として一定の範囲に留まるのと同じだ。しかし、人為的な交配を行えば、それらの変異を1個体に集めることができる。仮に1つの変異が5％鼻を短くするのなら、2つ、3つの変異を集めれば、もっと極端に短い個体を作ることができる。

　つまり、DNAに新たな変異が生じなくても、遺伝子プールの中から適切な組み合わせを「人為的に」選び出せば、自然状態の進化よりもはるかに速く、体の形を大きく変えることが可能なのだ。通常の品種改良では、交配はランダムに行うが、最新の遺伝子解析技術を使えば、

効果のある変異を持っている個体を事前に選び出すことは可能になる。したがって、古典的な品種改良より、さらなるスピードアップが期待できる。

チンパンジーとヒトの外見は、オオカミとブルドックよりは、はるかに近そうに思われる。だから、（いろいろな理由で実行は不可能でしょうけど）、ずっと短い世代数で、精神的には完全に文明人でありつつ、外見は完全にチンパンジーができあがるはず。あとは、その第1号に「ジーラ」と名付けるだけでよい。

文化とファッション。 シュールな世界は実現するか?

以上のように、知性を進化（退化）させなくても、逆に、ヒトの外見を猿化することで、猿の惑星を「技術的には」実現できることがわかった。そんな実験できっこないと思われるだろうが、でも、もしかすると、人間自身がそれを望む可能性だって、なくはない。

野生動物が裸でスッピンであるのに対し、人間はさまざまなファッションの服を纏い、化粧までする。その姿は、原始人から見たら、猿の格好をするよりも不気味だろう。ファッションは文化であり、文化は知性から生まれる、はずである。しかし、その知性の結果であるはずのファッションもエスカレートすると、理解不可能なところまで突き進む。

中世のヨーロッパは男も女も異常なファッションの巣窟で、例えば、超巨大船盛りヘア（図4）なんて代物（しろもの）が、実際に社交界で流行したとのことである。それを纏（まと）っていたのは、当時最高の文化人たちである。エリザベス1世の肖像（図5）だって、冷静に見れば、そうとう不気味だ。子どもだったら、恐怖でひきつけを起こすかも。文化には、ある指向性が生まれると、バランス感覚を無視してひたすらエスカレートする性質があるのだ。そうなってしまうと、どこに行くのか予想がつかない。現代でも、テレビを見ると、「なんだこりゃあ」と叫びたくなるようなメイク・ファッションのタレントが目にとまる。

　アニマルプリントの服を着るのは、おそらく、その模様がかっこいいと認識されるからだ。だったら、いっそ遺伝子改変で、その模様を皮膚に作ってしまおう、という遺伝子コスメが50年後には流行っているかもしれない。ある時、どこかのハイパーファッションクリエイターが、「チンパンジーってクールだよね」、と言い出したら、世界中がそっちのほうに動き出す可能性だってゼロではない。そうなったら、何もしなくても猿の惑星はできあがってしまうのである。ああ、おそろしい。

知性の発達には、それを求める意思が必要？
　SF小説『猿の惑星』の話に戻ろう。映画版の『猿の惑

図4　舟盛りヘアの
　　　イメージ
（Mary Evans / PPS 通信社）

図5　エリザベス1世の肖像画
（Alamy / PPS 通信社）

星』では、知性の進化・退化が起きた理由については言及されないが、原作の小説では、ヒトの知性が退化した理由が作品のテーマに深く関わっている。主人公とともに捕獲されたもう一人の地球人は、動物園の人舎で飼われることになる。彼は、才能にあふれた知的な科学者だったが、何もしなくても衣食住が与えられる「動物園のサル」の状況に、あっという間に馴染んで、主人公が呼びかけても、もはや、知的な活動にまったく興味を示さなくなってしまったのである。実は、同じことが、主人公が宇宙に出ていた700年間に、ヒトの社会に起きたのである。文明により、楽な生活を手に入れた人類は、徐々に知的活動が減退。その流れを止めようとする者は現れず、その間に、類人猿は次第に意志を持つようになり、つい

には、猿の惑星が出現した。つまり、「知性は本来的な欲求ではなく、刺激し続けないと、減退してしまう」というのが、作者の警告である。

　ありえないと思いたいが、一抹の不安もある。吉田松陰のように、勉強したくてたまらない、という学生は（もちろん、自分が学生の時も含めて）、もはやほとんどいないだろう。しかも、彼らが夢中になるテレビゲームのなかには、チンパンジーでも余裕で遊べるものもありそうだ。

　誰が言い出したのかは知らないが、進みすぎた文明を批判するために「理屈で考えるより、心で感じなさい」というフレーズがある。なんとなく、理屈よりも心のほうが高級そうなイメージがあり、なるほど、と納得してしまいそうになる。しかし、チンパンジーでも、「感じる」ことはできる（と思う）。理屈と知性は不可分だが、心に知性が必要かどうかはわからない。だから、「理屈で考えるより、心で感じなさい」を猿の惑星的に翻訳すれば、「ヒトの知性を捨て、動物の感覚に従え」となるのではないだろうか。

　ちょっと、まずいんじゃないか？　こんなこと、大っぴらに言い続けていると、みんな、アホになってしまうぞ。

　そ、そうか。「猿の惑星リアル化計画」は、すでに動き始めているのかもしれない……。

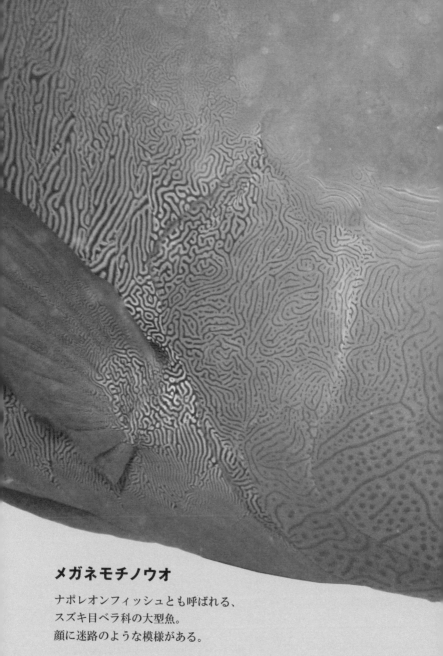

メガネモチノウオ

ナポレオンフィッシュとも呼ばれる、
スズキ目ベラ科の大型魚。
顔に迷路のような模様がある。

写真：PIXTA

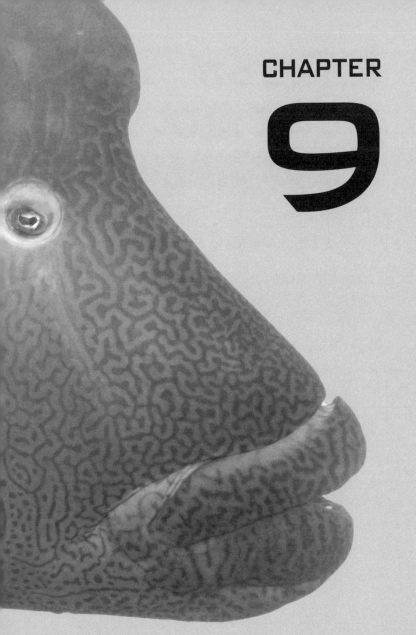

細胞たちが
オセロで遊び、
皮膚の模様が現れる

不思議で楽しい動物模様

　動物園や水族館を訪れた際、特に我々の目を引くのは、きれいな模様を持つ生物である。ウマとシマウマが並んでいれば、ほとんどの人が本能的にシマウマのほうを見てしまう。我々の脳は、視野の中から模様のパターンを抽出し、意識するようにできているのである。で、いったん意識してしまうと、それについてあれこれ考えてしまうのは避けがたい。そして、ほとんどの人にとって真っ先に気になるのが、「何のためにあんな模様をしているの？」ということになる。

　シマウマの模様はどう考えてもめちゃめちゃ目立つ。目立つのは生存に不利なはずなのに、インパクト抜群のシマシマが進化してきたのである。何か隠されたメリットがあるのではないかと思いたくなる。この問題は、動物学の最も有名な問題の1つであり、「新しい説」が定期的に発表されている。最近は、「シマシマがあると、皮膚にたかるアブが寄ってこないので生存に有利である」という説があった。ほんとかなぁ、という気もするが、明らかに間違いとも言い切れない。「進化」は実験で証明するのが難しいからだ。そのために、不思議が

いつまでも不思議のまま残り、楽しく議論が続くのである（この問題については、筆者も前作『波紋と螺旋とフィボナッチ』で決定版と思える独自の"説"を紹介しているので、興味があればぜひご覧ください）。

メガネモチノウオの迷路模様

もちろん、皮膚模様に関する面白い問題は、進化に関するものだけではない。例えば「模様が動く」ことをご存知だろうか？ 図1Aは、メガネモチノウオというサンゴ礁に棲む大型のベラの仲間である。この魚の顔に、見事な迷路模様がある（図1B）。ウェブ上にたくさん写真がアップされているので、比べてみるとすぐにわかるのだが、この迷路は1匹1匹、異なるのだ。全体として「迷路模様」であること、つまり、一定の幅のある帯が折れ曲がったり分岐したりしている、という点では共通しているが、帯の方向や分岐の位置は、ばらばらなのである。

いろいろな大きさの個体の模様を比較すると、さらに驚きの事実がわかる。模様は成長の過程で徐々に変化してい

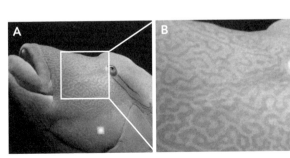

(PIXTA)

図1 メガネモチノウオ(A)と迷路模様の拡大写真(B)

るのである。魚がまだ小さいときには、模様は単純なシマシマであり、折れ曲がりや分岐はほとんどない。しかし、魚が大きくなると、模様は徐々に折れ曲がり、分岐ができて、どんどん複雑な迷路パターンに変化していく（図2）。古い模様が消えて、新しい模様に変わるのではないのである。つまり、この迷路模様は生きており、成長するに従って、迷路の特徴を維持したまま変化し続けるのだ。いったいどんな仕組みがあれば、こんなことが可能なのだろう？

　スタンダードな生物学の常識からは、この問題を解決する答えは出てこない。ではどこから出てきたか、と言うと、それが意外なことに「数学」から、なのである。

模様の原理の研究

　1952年に、天才数学者でコンピュータ科学の生みの親でもあるアラン・チューリング（Alan Turing, 1912 ～ 1954）が、生物の

図2　メガネモチノウオの成長に伴う迷路模様の変化
写真の左から順に、成長とともに迷路模様が複雑になっていく（特に白い円の部分に注目）。写真提供：名古屋港水族館

体の形ができる原理についての、驚くべき仮説を発表した。内容は、「生物の体の中で、化学反応の活性化因子と抑制因子のせめぎ合いが化学反応の"波"を生み出し、それが、生物の形や模様を作る」、というものである。

さすがに天才の発想は次元が違う。違いすぎて、彼の仮説、いわゆるチューリング波仮説は、発表当時の生物学者たちには理解し難いものだった。

しかし、この波の理論は、特に生物の模様パターンの研究に関しては、絶大な威力を発揮する。この理論を使ってコンピュータ・シミュレーションをすれば、生物に存在するほぼすべての皮膚模様パターン（縞、斑点、網目、ヒョウ柄、などなど）を作れるだけでなく、雑種の模様を予測したり、成長に伴う模様変化を予測することまでできる。先ほどのメガネモチノウオの模様変化も、模様を作る場を拡大するだけで、自動的に再現できてしまうのだ（図3）。

実は、筆者は約25年前に魚の模様が動くことを発見したことをきっかけに皮膚模様の研究を始め、約10年前に、細胞

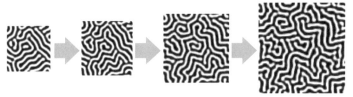

図3　領域が拡大したときに起きるチューリングパターンの変化
チューリングの理論に従って生成される模様をチューリングパターンと呼ぶ。正方形の場にシミュレーションでチューリングパターンを作り、その後、場を拡大すると、自動的に模様が入り組んでいき、メガネモチノウオの迷路模様の変化を再現できる。

がチューリング波を作る原理の概要がわかるところまでき
た。具体的には、皮膚にある色素細胞の特徴的な挙動を発見
し、それが、細胞の分布にチューリング波の性質を与えてい
ることがわかったのである。その内容を、前著『波紋と螺旋
とフィボナッチ』[1]で一般読者向けに解説し、かなり良い反響
をいただいている。しかし、この時点では、さらに1段ベー
シックな原理である「どうして細胞はそのような挙動をする
のか」はわかっていなかった。そのため、読者のなかにはモ
ヤモヤが残ってしまった人もいたかもしれない。

　幸い、この10年で研究は格段に進み、現在では「細胞の
働きが、どうやって波を生み出すか」がほぼわかっている。
さらに、波形成に関与する遺伝子を操作して、模様を自在
に変えることもできるようになった。だから、この章では
模様がどうやってできるかを、細胞の動きから説明するこ
とで、皆さんにスッキリしていただきたいと思う。

　というわけで、この章の目的は、筆者の研究室で行われ
た研究の続報をお伝えすることである。ただ、いきなり細
かい生物学的な説明をしても、専門家以外の読者の方には
しんどいだろうし、そもそも、前作を読んでいない方もい
るはずだ。だからまず、模様のでき方の大まかなイメージ
を掴んでいただくために、細胞の挙動をオセロのルールに
読み替えた解説から始めたい。

オセロと模様形成の類似点

　なぜオセロなのか？という疑問を感じる方が多いと思

うので、まずはその点から。2015 年に『所さんの目がテン！』というテレビ番組から、動物の模様がどうやってできるかを特集したい、という依頼を受けたのがそもそものきっかけである。面白そうなのですぐに承諾したのだが、ひとつクリアしなければならないハードルがあった。模様形成の原理を、コンピュータ・シミュレーションを使わずに、視覚的にわかりやすく解説してほしい、というのだ。これはかなりの難題である。悩んだ挙句に思いついたのが、オセロを使う方法である。なぜここでオセロが出てくるかというと、2 種類の色の石で、盤面の領域を奪い合うというオセロの特徴は、魚の皮膚模様と共通点が多いからである（図 4）。

　図 4B はゼブラフィッシュの皮膚を拡大したものであるが、これを見ると、皮膚の模様は、黒と黄色の 2 種類の色素細胞

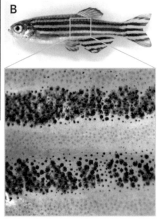

TM&©Othello,Co.and MegaHouse

図4　オセロの盤面と魚の皮膚模様

A：オセロの盤面。B：ゼブラフィッシュの皮膚模様とその拡大写真。ほぼ一定の大きさの 2 種類の色素細胞が、隙間なく敷き詰められている様子は、オセロの盤面と似ている。

の配列からできていることがわかる。しかも、色素細胞の大きさはほぼ一定（黒細胞の直径：〜 0.1mm 、黄色細胞の直径：〜 0.03mm）で、皮膚の表面に隙間なく敷き詰められている。空白もないし、細胞が重なり合っている場所もない。見た目に大きな違いがあるとすれば、黒細胞と黄色細胞の大きさが違うことと、オセロ盤のような正方格子の枠がないことくらいだ。

　ご存知のように、オセロには「相手の石を、自分の石で挟むとひっくり返せる」というルールがある。その結果として、ゲームが進むと模様っぽいパターンができていくのであるが、実験で調べたところによると、色素細胞のほうにも、色が入れ替わるルールがあるようなのだ（図5）。

　例えば、黒い色素細胞が、黄色い色素細胞に取り囲まれたような配置があると、黒い細胞は死んでしまい、その位置には黄色い細胞が出現する（図5A）。また、その逆も同じで、黒細胞に取り囲まれた黄色細胞は、やはり死んでしまい、黒細胞に入れ替わる。つまり、黒と黄色の細胞は、多数の敵方に取り囲まれると、色が入れ替わるのである。これが「色素細胞のルール①」である。

　色素細胞の入れ替わりルールはもう1つある。2種類の色素細胞は、近接していると反発し合う（殺し合う？）にもかかわらず、黒細胞が生存を続けるには、ある程度の距離に、黄色細胞が存在することが必要なのである。こちらは通常のオセロのルールと少し異なるので、説明が必要だろう。図5Bに示すように、黒細胞の集団があった場合、周辺部にいる黒細胞は、外側の黄色細胞に近いので生きていられるが、

中央付近の黒細胞は、黄色細胞から遠すぎるため死んでしまい、その領域が黄色細胞に入れ替わるのである。これが、「色素細胞のルール②」だ。

細胞のルールをオセロに変換する

次に、実験でわかった2つの「色素細胞のルール」を少し単純化して、オセロのルールに変換してみる。まず、6方格子の枠を描いて、それぞれの格子にオセロの石を1枚ずつ置く。色素細胞のルール①（異なる色の細胞に取り囲まれたら、その細胞が死ぬ）は、「まわりを4つ以上の敵方の石にとり囲まれたらひっくり返す」としよう（図6）。

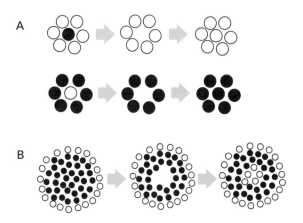

図5　色素細胞の入れ替わりについての2つのルール

A：色素細胞のルール①（近い細胞との関係）。隣接している細胞のほとんどが敵方の場合、その細胞は死んで、色が入れ替わる。**B**：色素細胞のルール②（遠い細胞との関係）。黒細胞の集団の中心付近にある黒細胞は、黄色細胞から遠いので、黄色細胞の助けを受けられずに死に、色が入れ替わる。

色素細胞のルール②は、「同じ色の石の集団があったときには、距離2マス以内がすべて同じ色という位置にある石は、ひっくり返す」とする（図7）。

　色素細胞のルールが簡単なので、それをオセロのルールに変換するのも、このように簡単なのである。で、あとはこのルールに従って、ひたすらオセロの石をひっくり返せばよいのだが、それには最低でも1,000枚くらいは必要なので、自分でやるのはさすがにつらい。しかし、今回はテレビ局のたっての要請であり、そのための人海戦術ならお手の物とのこと。結局、番組スタッフとアナウンサーの方が、この作業を、なんと10,000枚のオセロで実行したのである。さすがはテレビ局！

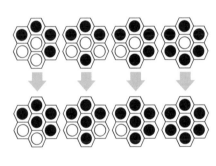

図6　色素細胞のルール①をオセロに変換

まわりを4つ以上の敵方の石に囲まれたら、中央の石をひっくり返す。

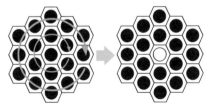

図7　色素細胞のルール②をオセロに変換

自分と同じ色の石に、まわりを2周分、取り囲まれた石はひっくり返す。

テレビパワーの人力シミュレーション

　作業期間は約3日。その気が遠くなるような作業の結果は、ご覧のとおり(図8)。最初、ただ石をぶちまけて、格子状に敷き詰めたときには、特にパターンを作っているようには見えなかったが(図8A)、1回、2回とひっくり返す作業を続け、4ターン目には、図8Bのように、ヘビのような模様がはっきりとした輪郭を持ってできあがってきた。

　こんな簡単な操作で、模様はできてしまうのである。どうだろう? あまりにも簡単で拍子抜けした方もいるのではないだろうか。だが、考えてみれば、皮膚の中でこのゲームをプレイするのは、細胞なのである。これくらい簡単な操作のゲームでなければ、細胞がプレイすることなどできるわけがない。しかも、細胞はひたすら24時間、365日このゲームを続けられるのだから、模様はどんどんきれいになっていくし、怪我などのトラブルによって模様が乱れて

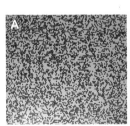
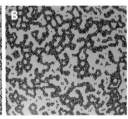

写真提供:
日本テレビ「所さんの
目がテン!」

図8　オセロによる模様パターンの形成
ルール①、②に従って石をひっくり返していくと、4ターン目(**B**)くらいでヘビの模様(**C**)のようなパターンが生まれてくる。

(PIXTA)

も、自動的に元に戻る。メガネモチノウオのように、成長によって皮膚の面積が増えれば、常にその大きさに合わせた模様を作り続けられるのである。

　さて、「模様＝細胞のオセロの結果」であるならば、あとは「細胞がどうやってそのゲームをプレイしているのか？」が詳しくわかれば、問題は片付いたことになる。単純なルールとは言え、細胞には目も手もないのであるから、そう容易なことではない。幸いなことに、筆者の研究室の学生と研究員の実験で、かなり詳しくわかってきたので、以下に解説したい。ここから先は、ちょっとハードな内容なので、読み飛ばして次の章に進んでいただいても構わないが、読んだ方には、スッキリしていただけると思います。

模様を作る細胞の仕組み

　まず、細胞が上記のルールに従うには、細胞同士が、ちゃんとコミュニケーションできていることが必要である。隣にいるのが、自分と同じ色の細胞なのか、違う色の細胞なのかを知らないと、どうしてよいかわからない。本当に、細胞は自分と相手の細胞を見分けることができるのか？　試しに細胞を皮膚から抽出し、培養皿で培養して、その挙動を観察してみた（図9）。

　写真の左が黒細胞、右が黄色細胞である。培養液に、細胞が興奮状態になると蛍光を発する色素を入れて、細胞に何らかの変化があれば光って見えるようにしている。黒細

胞が透明に見えるのは、その光がよく見えるように、メラニン色素を持たない突然変異の黒細胞を使っているためだ。右の黄色細胞（蛍光顕微鏡で見ると黄色細胞はこのように見える）は、細胞から突起を出して、なんだか手探りをしているようだ。で、その先端が黒細胞に触れると、その瞬間、なんと黒細胞が光ったのである。黒細胞は、黄色細胞の突起に触れられると、興奮状態になるのだ。

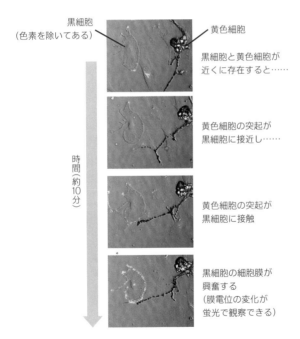

黒細胞
（色素を除いてある）

黄色細胞

黒細胞と黄色細胞が
近くに存在すると……

黄色細胞の突起が
黒細胞に接近し……

黄色細胞の突起が
黒細胞に接触

黒細胞の細胞膜が
興奮する
（膜電位の変化が
蛍光で観察できる）

時間（約10分）

図9　黒細胞（左）が黄色細胞（右）を感知したときの様子
黒細胞は黄色細胞の突起が触れると興奮状態になる。

触られた後の2つの細胞の挙動を追跡した画像が、図10である。黒細胞は黄色細胞から逃げようとし、黄色細胞は、逃がすまい！という感じで黒細胞を追いまくる。この培養皿には表皮細胞や線維芽細胞など（透明なので見えない）もたくさんいるのだが、2つの色素細胞は、それらに触っても何も反応しない。また、黒細胞同士や、黄色細胞同士が接触しても、このような追いかけっこは起こらない。だから、この2つの色素細胞は、ちゃんと相手を見分けることができるのである。これが、1対1ではなく、黒細胞が黄色細胞に取り囲まれてしまったらどうなるだろう？おそらく黒細胞は逃げようがなくなり、オセロがひっくり返るように死んでしまうのではないだろうか。つまり、この反応はルール①を表している可能性が高い。

　本当にそうであるのかを調べるよい方法がある。図11は、*kir7.1* という遺伝子が失われた突然変異のゼブラフィッシュの皮膚である。黒細胞と黄色細胞が分離せずに、混ざっ

黒細胞　黄色細胞

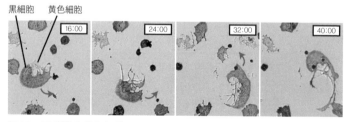

**図10　黒細胞と黄色細胞による
run and chase behavior（追いかけっこ）**
青矢印は黒細胞が逃走した方向を示す。Yamanaka H & Kondo S:
PNAS (2014) 111: 1867-1872 より改変。

てしまっている。これは、ルール①がうまく働いていない
場合にできそうな模様である。試しに、この突然変異の魚
から色素細胞を取り出して、培養皿で接触させてみた。す
ると予想通り、黄色細胞に触れられても、黒細胞は逃げな
かったのである。

　これでルール①がどうやって実現されているのかはわ
かった。黄色細胞の出す突起でコミュニケーションし、相手
を確認するのである。残るは、ルール②だ。

黒細胞の出す長い突起が、黄色細胞に接触している

　ルール②に関しては、近接している細胞ではなく、ちょっ
と遠いところにある細胞との間のコミュニケーションでなけ
ればならいので、培養皿でその条件を作るのが難しい。だが、
生きた魚の皮膚上では、このルール②は、結構、簡単に確認

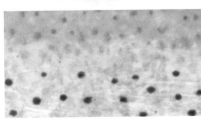

図11
**kir7.1遺伝子に変異を持つ
ゼブラフィッシュの皮膚**

kir7.1遺伝子に変異を持つゼブ
ラフィッシュの皮膚模様（上）と
その拡大写真（下）。黒と黄色の
色素細胞が分離せずに混ざって
存在している。

することができる。

　具体的には、図12のように、黄色細胞を大量に殺すと、黒細胞も死んでしまうことから、黒細胞の生存には、周囲にたくさんの黄色細胞が必要であることがわかる。ルール①により、黒細胞は、黄色細胞に囲まれると殺されてしまうのに、その生存には黄色細胞が必要なのである。しかも、その効果は黄色細胞からちょっと離れた、直接接していない黒細胞にも及んでいるようだ。なぜなら、黒の縞の中心あたりにいる黒細胞も、黄色細胞がいなくなると死ぬからだ。では、この背後には、どのような細胞の挙動や分子的な作用が働いているのだろうか。

　実験を始めた当初は、細胞がホルモンのようなシグナル分子を放出しており、それが分子の拡散で遠くまで伝わると予想していたのだが、いろいろ調べてみると、細胞膜上に存在する、DeltaとNotchという2つのタンパク質が関わっていることがわかってきた。

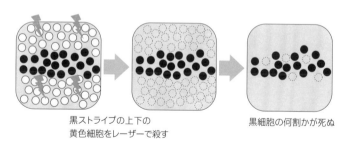

黒ストライプの上下の
黄色細胞をレーザーで殺す

黒細胞の何割かが死ぬ

図12　黒細胞の生存には、黄色細胞が必要
黒細胞は、黄色細胞に取り囲まれると死ぬにもかかわらず、生存には黄色細胞が必要である。

　この 2 つのタンパク質は、シグナル分子（Delta）と、その受容体（Notch）の関係にある。Delta は黄色細胞が作るタンパク質で、Notch は黒細胞が作るタンパク質なので、シグナルは黄色細胞→黒細胞の方向に流れることになる。阻害剤を使って Notch の働きを止めてしまうと、上記の実験と同じように、黒細胞が死んでいくのが観察できるので、この分子シグナルがルール②に関わっていることは間違いない。しかし、この 2 つのタンパク質はそれぞれの細胞の膜にくっついているので、拡散によって遠くに運ばれることはないのだ。だから、何か別の方法で、遠くの細胞にシグナルを伝えないといけない。

　その方法はしばらくわからなかったのだが、ある時、「もしかすると、黒細胞も長〜い突起を持っていて、それで黄色細胞に触っているのでは？」とふと思いつき、調べてみたら、本当にそうであった（図 13）。黒ストライプの中心付

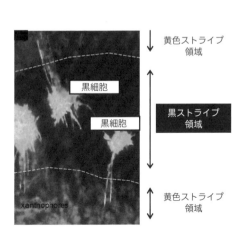

↓ 黄色ストライプ
　　領域

黒細胞

黒細胞

黒ストライプ
領域

図13　黄色ストライプ領域まで細胞突起を伸ばす黒細胞

Hamada H, et al: Development (2014)141:318-324 より改変。

黄色ストライプ
領域

xanthophores

近にある黒細胞の細胞膜を蛍光染色すると、長い突起が伸びて、黄色細胞に触っているのが観察できたのだ。

さらに、この Delta-Notch のシグナルが、ルール②に関係していることは、遺伝子操作の実験で証明できた。本来は黄色細胞にしかない Delta を、黒細胞に無理やり産生させてしまうのである。そうすると、黒細胞は自分自身で生存刺激を作れるようになるので、黄色細胞から離れたところでも死ななくなるはず。実際、そのような変異ゼブラフィッシュを作ってみたら、予想通り、とても太い黒縞のある魚ができた（図14B）。

模様を作る細胞間シグナルネットワーク

というわけで、模様のシグナルは、2種類の長さの違う突起（黄色細胞の突起：短い、黒細胞の突起：長い）によって伝えられていることが、わかったのである（図15A）。

細胞の挙動だけを見ると、なんだか「波」という気がしないかもしれないが、それは、1個の水の分子を見ても、「波」がイメージできないのと同じである。波は等間隔の構造を作る物理作用である。2種類の長さの細胞突起が、近くで反発、遠くで助け合う、という逆の作用をすると、数学的な構造は前作で説明したチューリング波と同じになり、同じ形の波ができるのである。

このシグナルネットワークの動作をコンピュータでシミュレーションすると、いろいろな模様ができるのだが、以下のように、頭の中でそれを確認することも可能である。

　まず、このネットワークの動作は、

❶：黄色細胞の短い突起で、黒細胞と黄色細胞の反発が起き、

❷：黒細胞の長い突起で、黄色細胞が黒細胞の生存を助ける。

という、2つの部分に分けることができる（図15B）。

**図14　黒細胞が自分でDeltaを産生できるように
遺伝子を改変したゼブラフィッシュの模様**

A：正常なゼブラフィッシュ、**B**：黒細胞がDeltaを産生するように遺伝子を改変したゼブラフィッシュ。Hamada H, et al: Development (2014) 141: 318-324 より改変。

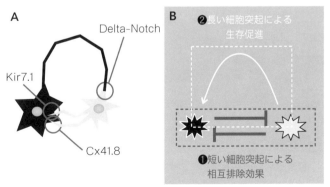

図15　シグナルは長さの違う突起によって伝えられる

❶だけが働くと、黒細胞と黄色細胞の分離が起きるはず
である。ただし、その場合は、その場所ごとに強いほうが
勝つため、黒細胞と黄色細胞の集団ができるだけで、整然
としたパターンはできない。図16Aのように、牛のホルス
タイン種のような模様になる。

　これに❷が加わると考えてみよう。黒細胞の大きな集団
の中心部分は、突起を伸ばしても黄色細胞に届かないので、
死んでしまい、黄色細胞に変わる（図16B）。これだけで、か
なり縞模様っぽくなるのがわかると思う。シミュレーショ
ンでは、シグナルの強さや、細胞の増加率、死亡率などを
調節して、この操作を延々と繰り返せばよいだけである。

❶の関係だけを使うと、不定形のパターンの分離（ホルスタイン模様）になる

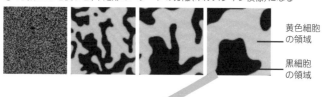

黄色細胞
の領域

黒細胞
の領域

A

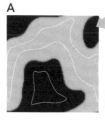

❷それぞれの領域の
中央部分（相手側の
領域から遠い部分）
の色を反転させる

B

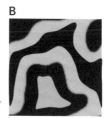

図16　色素細胞間の相互作用によってできる模様のシミュレーション
❶の関係だけを仮定したシミュレーションではホルスタイン種のような模様ができ
るが、❷の関係も導入すると縞模様に近いパターンになる。

　以上が、現在までの皮膚模様研究でわかったことである。もちろん、もっと細かい分子的な詳細、例えば、「黄色細胞の突起が接触したことを伝える受容体分子の特定」などはまだできていないので、「完全に解明できた」というわけではない。しかし、模様形成原理をかなりの程度には「理解できた」と言ってもよいだろうと思う。その証拠に、これまでに得た知見を使えば、次章で解説するように、模様をリセットしたり、操作したりすることもできてしまうのである。

参考文献　1）近藤 滋：波紋と螺旋とフィボナッチ．学研メディカル秀潤社，2013.
　　　　　　2）Yamanaka H, Kondo S: PNAS (2014) 111: 1867-1872
　　　　　　3）Hamada H, et al: Development (2014) 141: 318-324

キングチーター
チーターの希少な変異個体で、
斑点模様の一部が
太い黒のストライプ状の
模様に変化している。

写真：PIXTA

模様を変える、動かす、理解する

模様研究の最後のハードル

研究のゴールは、第一義的には、「問題は解決した」と「研究者自身が納得する」ことである。模様研究の場合、前章で解説したように、皮膚内における個々の色素細胞の挙動を明らかにし、その挙動が波のパターンを作ることをシミュレーションで確認した。また、細胞の挙動の元になる情報伝達の仕組みも、ある程度明らかになった。この時点で、筆者自身や近い分野の研究者は、「模様はチューリング波」だと確信することができたので、ゴールにたどり着いた、と言ってもよいかもしれない。

しかし、それだけでは「やったぞ感」や「わかった感」がいまひとつであることも確かなのだ。原因の1つは、チューリングの原理を理解するのが難しいことである。「実験で確認した関係性からシミュレーションを行えば、模様ができる」と言っても、多くの人にはいまひとつ「ピンとこない」かもしれないし、研究している自分たちとしても、「このシミュレーション、本当に正しいのだろうか？」という一抹の不安は残っているのである。というわけで、まだ何かが足りないのである。

模様のシミュレーションをリアルの魚で実行する

いろいろ考えた末、コンピュータ・シミュレーションの結果を、リアルの魚で再現できないか、と思いついた。チューリング波のシミュレーションでは、何もない状態から、さまざまな模様を出現させたり、模様を変化させたりできる。それらのすべてを、わずか数個のパラメータを変えるだけで、自由自在にできることが、シミュレーションの鮮やかさなのであるが、半面、「実際の生物でそんなにうまくいくのか?」という気分はぬぐえない。だったら、同じことをリアルの魚で試してみられないだろうか。

ゼブラフィッシュの模様の便利なところは、模様形成に関わる役者が、2種類の色素細胞だけであることだ。チューリング波を作るための色素細胞の挙動や、細胞間のコンタクトに関わる分子もわかっている。遺伝子操作をうまく使うと、それらのパラメータを変えることもできる。うん、できるかもしれない。リアルの魚で模様を自由自在に操ることができれば、十分な「やったぞ感」が味わえるし、一般の方にも「わかった」と感じていただくことができるはずである。

ランダムパターンからの迷路模様形成

チューリング波の、最も特徴的かつ興味深い性質は、完全に無秩序な状態から、勝手にパターンが出現することである（図1A）。この過程は、無秩序から秩序がいきなり現れるので、非常に印象的なのだが、現実のゼブラフィッシュには起きな

い変化である。なぜなら、ゼブラフィッシュの場合、最初の
1本目の縞が、強制的に体軸と平行にできてしまうため、完全
にランダムな状況は存在しないからだ(図1B)。だから、このラ

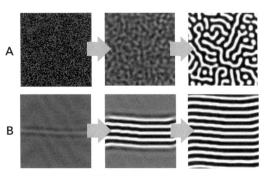

図1　チューリング波の形成
A：完全にランダムな理想状態からのチューリング波形成。
B：実際のゼブラフィッシュの初期条件からのチューリング波形成。

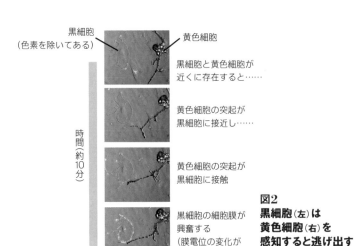

黒細胞
(色素を除いてある)

黄色細胞

黒細胞と黄色細胞が
近くに存在すると……

黄色細胞の突起が
黒細胞に接近し……

時間(約10分)

黄色細胞の突起が
黒細胞に接触

黒細胞の細胞膜が
興奮する
(膜電位の変化が
蛍光で観察できる)

図2
黒細胞(左)は
黄色細胞(右)を
感知すると逃げ出す
(第9章図9再掲)

ンダムパターンからの模様形成を実際のゼブラフィッシュで
再現できれば、納得感は大きいだろう。

　この難題に挑戦したのが、筆者の研究室の荒巻敏広研究員
である。彼は、色素細胞の並び方を一時的にぐちゃぐちゃに乱
す方法を作り、簡単に、縞模様→ランダムパターン→縞模様、
という変化を見られるようにしたのである。その方法の肝は、
チャネルロドプシンという、植物由来のタンパク質である。

　チャネルロドプシンは細胞膜に存在し、青い光が当たる
と、イオンを透過させて細胞膜を興奮させる。これをゼブラ
フィッシュの黒細胞に発現させるとどうなるか。黒細胞は、
黄色細胞に触られたことを細胞膜の興奮で感知し、逃げ出
すことを思い出してほしい（図2）。それと同じことが、光を
当てると皮膚の中で起きる。つまり、黒細胞が、黄色細胞
のあるなしに関係なく、あっちこっちに動き出すのである。

　図3は、皮膚の中にある黒細胞である。実験開始時には、

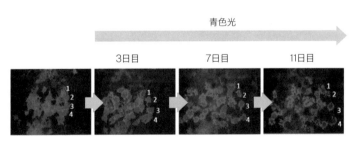

図3　遺伝子導入ゼブラフィッシュの
**　　　黒細胞に青色光を当てた際の反応**

遺伝子導入によりチャネルロドプシンを発現させた黒細胞（赤い蛍光
を発している細胞）に青い光を当てると、細胞膜が興奮して黄色細胞
に触られたかのように1～4の細胞がバラバラの方向へ動き出す。

黒ストライプの中で落ち着いているが、青い光を当てると、黄色細胞に触られた！と勘違いして、バラバラの方向に動き出す。当然、ゼブラフィッシュの模様はぐちゃぐちゃになる（図4Aから図4Bへの変化）。

　それをまた暗いところに戻すと、黒細胞は元の状態に戻り、模様を作り始めるのである。このとき、縞模様の方向性が変わってしまうのが面白い（図4C）。なぜ、縞の方向がバラバラになるかというと、色素細胞間のローカルなルールでは、縞の間隔は決められても、縞の方向性は決められないからだ。ゼブラフィッシュの場合、縞の方向は、最初に色素細胞が出現してくる場所に依存している。最初に筋肉に沿って水平に色素細胞が並ぶため、縞の方向がそれに従うのである。育ってから模様を崩してしまうと、最初の

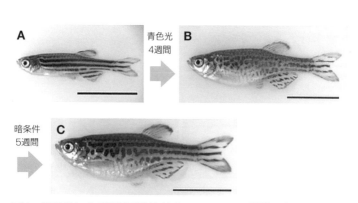

図4　青色光による遺伝子導入ゼブラフィッシュの模様の変化
遺伝子導入ゼブラフィッシュに青色光を当てると、AからBに模様が変化した。また、Bの状態から暗いところに戻すと、今度はCのような模様を形成した。スケールバーはすべて1cm。

出現場所の影響がなくなるので、間隔は保たれるが、方向はバラバラの模様、すなわち迷路模様ができる。

　というわけで、少なくともゼブラフィッシュに関しては、青い光を当てることで、模様を初期化して再構成し、迷路模様に変えられる。シミュレーションでやっていたパターン形成の過程を、リアルな魚で簡単に行えるのである。初期化は何度でもできるし、できる迷路は毎回違うのである。ご想像のように、この魚、もし許可されれば、一般の方にも配付することができる。暗いところで飼った後、光を当てると模様がぐちゃぐちゃになり、暗いところに戻すと、また模様ができる。小・中学生の理科実験でも、夏休みの宿題でも、誰でも簡単に、チューリングパターンの再現ができるのである。

　ただ、遺伝子導入生物を実験室から出すことは禁じられているので、このゼブラフィッシュを配付することは、今のところできません。残念です。

任意の模様のセブラフィッシュを作る

　さて、「模様を作る原理がわかった！」と感じるためのもう1つの方法は、模様のパターンを自在に変えることである。これを実際に試したのは、筆者の研究室の渡邉正勝准教授。彼は、色素細胞間の相互作用に関わるギャップジャンクション（cx418）という分子（細胞と細胞の間にチャネルを作り、低分子を通過させることでシグナルを伝える）を発見した人だが、そ

の分子の構造を変えて、活性が少しずつ異なるものを作り、それをゼブラフィッシュに導入した。つまり、色素細胞間のシグナル伝達の強さを自在に変化させるツールを作ったのである。平たく言うと、細胞オセロのルールを変えるツールである。

　結果は予想以上だった。図5をご覧いただきたい。左はシミュレーションでできるいろいろなチューリングパターン。右は、渡邉准教授が作ったゼブラフィッシュの皮膚パターンである。驚いたことに、ジッパーのように分岐していくパターンや、斑点の中心が抜けるヒョウ柄まで、できてしまったのである。

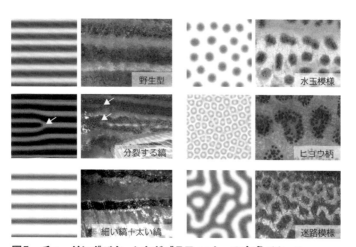

図5　チューリングパターンとゼブラフィッシュの皮膚パターン
「分裂する縞」の写真では、縞模様が分岐しているポイントを黄色の矢印で示した。

　いろいろな野生動物の模様を思い浮かべていただくと、ゼブラフィッシュで作った模様のバリエーションで、ほとんどのパターンを網羅していることがわかるだろう。面白いのは、実質、1つの遺伝子の活性を変化させた（つまり1つのパラメータの値を変化させた）だけで、模様の多様性が実現できてしまったことだ。このこと自体が、チューリングの原理で皮膚の模様が作られていることの証拠といってもよい。海外の学会などで講義や研究発表を行うとき、この結果を見せると、それまで半信半疑だった聴衆の多くが、なるほど、とうなずいたことからも、このデータが、チューリングの原理の普及に大きな役割を果たしたことは、間違いないと思う。

　残念ながら、このゼブラフィッシュたちも、現時点では国が認めた研究機関以外には配付できません。だが、全国にあるそのような研究機関で行われている、中学生・高校生向けの講座などでは使用できるので、その可能性を探ってみたいと思っています。

理解は目に見える世界を変える

　皮膚の模様は、非常に目立つ研究対象であるため、古くからさかんに研究されてきた。しかし、それらは主に進化や動物行動学の面からの研究であり、模様形成の原理はあまり注目されてこなかった。ところが、背後にある原理を理解してしまえば、もう、それを前提とせずに研究をすることは不可能になる。模様の進化的な意味を問う場合にも、

それがどうやってできるかを考えずに研究するわけにはいかなくなる。そのため、最近では多くの研究者が、模様＝チューリング波、という前提のもとに研究を行うようになってきた。その中でも、筆者たちがゼブラフィッシュで行ったような研究を、ネコ科の動物に対して行っている例があるので、以下に紹介したい。

　チーターの模様は、通常、斑点状である。しかし、低い確率で、斑点模様の一部が太い黒のストライプ状の模様に変化したチーターが生まれ、これはキングチーターと呼ばれている（図6）。スタンフォード大学の Gregory S. Barsh 博士らの研究グループは、この変異を起こす遺伝子座を探索し、*Taqpep* という

図6　キングチーター (PIXTA)

変異遺伝子を発見した[1]。いろいろな系統のキングチーター
は、皆、この遺伝子に変異を持つことから、斑点から縞への
変化は、この1つの遺伝子変異だけで十分であるらしい。さ
らに彼らは、よく似た太い縞を持つアメリカンショートヘア
のネコでも、同じ *Taqpep* 遺伝子に変異があることを突き止
めている（図7）。おそらく、ネコ科の動物の模様のカギとなる
遺伝子である。Barsh 博士らは、この遺伝子がコードするタ
ンパク質がチューリング波を発生させると考え、その方向で
研究を進めている。面白いことに、Barsh 博士自身も、以前
はチューリング波説には否定的だったのである（2012年に直接
議論したときの印象）。ところが、この論文では、チューリング
波説を全面的に強調する内容となっており、博士の頭の中
で、パラダイムチェンジが起こったことがわかる。

図7　アメリカンショートヘア

実際に、新しい理解が得られると、目に見える世界が変わる。それが、科学の醍醐味の1つと言ってもよい。例えば、読者の皆さんが図7のネコの写真をみて、どう感じるか。チューリング波について知る前は、おそらく「ちょっと変わった模様の猫だなぁ」くらいにしか感じなかったはず。しかし、この模様が「波」であると一度わかってしまうとどうでしょう。この模様の波っぽさが気になってたまらなくなるのではないだろうか。よく見てみよう。体の中心から起きた「波」が、足先やしっぽまでちゃんと維持されているのを確認できるでしょう。ほかのアメリカンショートヘアの個体も確認したくなりませんか？ あるいは、赤ちゃんと親の模様を比較したくなったりしませんか？ はい、ぜひそうしてみてください。もちろん、動物園や水族館に行けば、どれもこれもめまいがするほど「波」だらけであることに気がつくはず。新たな理解が、世界の見え方を変えることを実感できるでしょう。

　以上で、模様に関する我々のグループの研究の始まりから現状までを、紹介させていただきました。最後まで読んでくださって、本当にありがとうございます。楽しんでいただけたのであれば幸いです。また、できれば、水族館などに行ったときに、模様が「波」であることを、皆さんの身近な方にも、教えてあげてください。魚を見ることが、もっと楽しくなること、請け合いです。

参考文献　　1) Christopher BK, et al: Science (2012) 337: 1536-1541

おわりに〜宝の地図の見つけ方〜

　本書は、前著『波紋と螺旋とフィボナッチ』が出版された2013年以降の8年間に、筆者が関わった研究を中心にまとめたものです。それぞれのテーマについて、研究する（考える）ことになった経緯を説明すると、以下のようになります。

　カブトムシ・ツノゼミ（1・2章）：10年ほど前に、ある学会でカブトムシの角前駆体の写真を見ました。スクリーンいっぱいに映し出された、あの「シワシワの袋」を見た時に、「これを膨らませて、完全な角になったら面白いなぁ」と直感的に思ったのがきっかけです。カブトムシを扱ったことはなかったのですが、学生に話したら「やりたい」と言ってくれたので、研究を始めました。ツノゼミの角については、かなり昔から興味があったので、ダメ元で西田賢司さんのウェブサイトにメールを出したところ、ほぼ即決で協力していただけることが決まりました。コスタリカ遠征は実に刺激的な経験で、それだけで1冊の本になりそうです。

　貝の巻き方（3・4章）：前著で異常巻きアンモナイトのことを書いたのですが、「それなら現生の貝は？」という疑問が、頭に残っていました。貝殻のいろいろな形の意味を、1つの原理で説明できればなぁ……と思案しているうちに、重心とバランスがカギになりそうだと気が付きました。内容は、特に何かの文献を参考にしたわけではありませんが、過去に同じような考えに至った人はいると思うの

で、筆者独自の「説」というわけでもないでしょう。「説」を思いつくことよりも、証明することのほうがはるかに難しいので、もしどなたかが証明できたときには、全面的にその人の功績です。ぜひ挑戦してみてください。章末で紹介した貝の形のシミュレーションソフトは、コロナ禍の自粛期間で時間のある時に作りました。遊んでいただければ幸いです。

　カイメン（5章）：京都大学の船山典子さんの研究です。細胞が大工さんとして働いて、材料（ガラスの針状結晶）を組み上げて生き物の形を作る、という驚くべき発見で、初めて聞いた時には耳を疑いました。「細胞が、生物の形を作るブロック（＝構造単位）としてではなく、純粋に作業員として働く」という概念は、形態形成学の常識を変えるのではないかと思います。

　ヒレの形成におけるアクチノトリキアの役割（6章）：船山さんの研究に驚いてから数年後に、自分のところでやっている研究で、同じことが起きていることに気が付いて、またびっくり。魚のヒレの先端にあるアクチノトリキアというコラーゲンの結晶が、まさにカイメンの針状結晶とまったく同じ役割をしていたのです。これは、やるしかないでしょう。というわけで、船山さんと一緒に研究グループを組織して、協力して研究を進めています。詳しくは、https://www.architect-bio.info/ をご参照ください。

海底のミステリーサークル（7章）：ある時、本当に突然に、フグのミステリーサークルの研究者である川瀬裕司さんから、研究に協力してほしいとの連絡を受けました。何も予備知識はありませんでしたが、面白すぎるので、もちろん快諾。大阪大学内で、複数の研究科から大学院生を集めてチームを作りました。実際に奄美大島に赴いて、現地の状況や海底の砂などの調査を行い、フグのミステリーサークル建築法の仮説を作りました。楽しかったです。

　耳小骨（8章）：これは、考察はしているが、実験にはまだ手をつけていない課題です。耳小骨は複雑な三次元形態をしているにもかかわらず、周囲には、その形の鋳型になるような構造がまったくありません。純粋に「自律的な（外部からの助けのない）形態形成現象」です。まず、形の意味を理解しようと思って、この章に書いたようなことを考察しました。自分のところで実験するだけの余裕（時間と研究スペース）がないのが残念です。

　動物の模様（9・10章）：筆者の研究室のメインテーマです。前著で、動物の模様がチューリングパターンであることを発見した経緯を紹介しましたが、今回は、その後の研究の展開として、分子的な基盤の発見と、それによって動物の模様を操作できるようになったことまでを解説しました。渡邉正勝准教授をはじめとする研究室のスタッフ・学生による成果です。彼らのおかげでここまで来ることができました。心から感謝しております。

研究テーマとして取り上げた経緯は、以上のとおりです
が、今読み直してみても、我ながら、かなりバラエティ豊
か、というか、普通の研究者は、こんなにいろいろと手を
出さないと思います。筆者の場合も、特に新しいテーマを
積極的に探した結果こうなったというわけではありませ
ん。強いて言えば、偶然目に入ってきたものが、あまりに
も面白かったのでやってしまった、という感じです。言い
換えれば、それほど自然界には面白い現象がたくさんあ
り、それがまだ手つかずのまま転がっている、ということ
になります。だから、生物学者以外の皆さんにも、面白い
発見のチャンスは、いくらでもあると思います。

　研究は、ドラゴンクエストのような冒険の旅であり、そ
の過程のワクワク感を多くの方と共有したい、というの
が、本書の一貫したテーマです。もしこの本を読んで、自
分も冒険の旅に出たい、と思ってくれる若い方がたくさん
いれば、本当にうれしく思います。ただ、実際に冒険の旅
に出るには、「ネタ＝宝の地図」が必要です。それがなけれ
ば、そもそも旅を始めることができません。
　先ほど、「面白い発見のチャンスは、いくらでもある」と
書きましたが、「自分にはそんなものは見えないぞ」と思
う方も多いと思います。でも、それはおそらく、そのよう
なチャンスを見つけるための準備が、まだ頭の中にできて
いないからです。情報は、目や耳から常に大量に入ってき
ますが、その中から「重要な何か」を発見するためには、あ
らかじめ、それを明確に意識している必要があるのです。

では、その準備をどうやってするのか？ 難しいことではありません。ひと言で言えば、「興味を持って、ちょっとだけ考える」、それに尽きます。

　例えば、筆者が最初に動物の模様に興味を持ったきっかけは、40 年くらい前に、テレビの CM でメガネモチノウオの顔の迷路模様を見たことでした。ヘンテコな模様が心に残り、「あんな模様、どうやったら描けるのだろう？」と紙に描いてみようとしたのですが、うまくいきません。その理由は、30 分くらいやってみて気が付きました。この迷路模様には、「線の間隔は一定だが、方向性はバラバラ」という特徴があるのですが、人が意識的に描こうとすると、どうしても、方向にも規則性を持たせてしまうのです。この時は、自分がこの模様を研究することになるなどとは、夢にも思っていませんでしたが、それから約 5 年後に、チューリング波に関する論文を偶然に読んで、腰を抜かすほどびっくり。あの模様を作る原理が書いてあったのですから。夢中で論文を読んでいくうちに、魚の模様は、そのままチューリング波が存在する証明になるということまでわかり、現在に至っています。ですが、あの CM を見た時に疑問を抱かなかったら、論文を見ても何も感じなかったことでしょう。

　カブトムシの角についても、幼虫から蛹（さなぎ）になる際に、角がいきなりできる様子を子供向けのテレビ番組で見て、「なんじゃこりゃあ？」と思ったのがきっかけです。どう

やったらこんなことが起きるのか、想像してみましたが全然わかりません。しかし、そのもやもやが残っていたからこそ、シワシワの前駆体を見た瞬間に、「折り畳んでいればよいのだ」と直感できたのだと思います。

　いずれの場合も、単に「面白いなぁ」で済ませなかったのが幸いしました。やったことは、「不思議だと思うポイント」、つまり問題点がどこにあるのかをちょっとだけ考え、それが、頭の中に残っていただけです。自分で問題を解いたわけではありません。それだけで、「答え」が目の前に現れた時に、「これだ」と気付くことができるのです。

　もちろん、「答え」が自分の前に現れる可能性は、かなり低いことを覚悟しないといけないでしょう。しかし、不思議な現象を見て、その不思議さの肝（きも）がどこにあるのか（なぜ、その現象を不思議だと感じるのか）を考える過程は、やってみるとけっこう楽しい。だから、それを意識的に行っていれば、そのストックがたくさん貯まり、いつか、そのどれかに対する答えが現れるのではないかと思います。

　それでは、皆さんの冒険の旅が、楽しいものになりますように。その旅の入り口は、今は気が付いていなくても、とても身近にあるかもしれません。

2021 年 7 月　近藤 滋

いきもののカタチ 続・波紋と螺旋とフィボナッチ
多彩なデザインを創り出すシンプルな法則

2021 年 10 月 12 日　第 1 版第 1 刷発行

著　者	近藤　滋
発行人	代田雪絵
編集人	吉野敏弘
発行所	株式会社 学研プラス
	〒 141-8415 東京都品川区西五反田 2-11-8
印刷所	大日本印刷株式会社

表紙デザイン	辻中浩一（ウフ）
表紙写真	ウフ, PIXTA
図版作成	小佐野 咲, 入澤宣幸, ブルーインク
本文フォーマット	辻中浩一（ウフ）
本文デザイン	村松亭修（ウフ）
編集協力	入澤宣幸, 栗岡百合子
企画編集	前澤一樹, 西村俊之

◎この本に関する各種お問い合わせ先
・本の内容については、下記サイトのお問い合わせフォームよりお願いします。
　https://gakken-plus.co.jp/contact/
・在庫については、Tel.03-6431-1201（販売部）
・不良品（落丁、乱丁）については、Tel.0570-000577
　学研業務センター
　〒354-0045　埼玉県入間郡三芳町上富279-1
◎上記以外のお問い合わせ先
Tel.0570-056-710（学研グループ総合案内）

学研の書籍・雑誌についての新刊情報・詳細情報は、下記をご覧ください。
学研出版サイト　https://hon.gakken.jp/